초등학생을
위한
인공 지능
교과서

3

초등학생을 위한 인공 지능 교과서

나는 AI 전문가!

김재웅, 김갑수, 김정원, 김세희, 진종호, 이문형
최종원 **감수** | 최연우, 박새미 **그림**
중앙대학교 인문콘텐츠연구소 HK+ 인공지능인문학사업단 **기획**

사이언스
SCIENCE 북스
BOOKS

책을
펴내며

우리의 일상이 디지털 기술과 맞물려 새로운 세상으로 전환되어 가고 있습니다. 인공 지능 기술 역시 매일 새로운 모습으로 우리 곁에 다가오고 있습니다. 신경망 학습으로 구글 번역은 언어 간 번역을 하고, 생성형 인공 지능은 사람이 글을 작성하는 것처럼 글을 작성해 주고, 그림을 그려 주고 음악을 만들어 주고 있습니다. 이러한 최근의 인공 지능 기술은 신경 과학과 뇌과학, 그리고 정보 처리 알고리듬의 비약적인 발달에 기반하고 있습니다. 최근 젊은 과학자들은 의수를 가진 사람들에게 촉감을 제공하거나, 인간의 두뇌와 기계를 원활하게 연결하는 칩을 설계하는 등 점차 우리 몸의 기능을 대체하는 인공 지능 기술도 연구하고 있습니다. 앞으로 여러분은 좀 더 진일보한 인공 지능의 시대를 살아가게 됩니다. 따라서 여러분의 일상 생활과 하는 일에도 많은 변화가 찾아올 것입니다.

우리의 초등학교 인공 지능 교육은 먼저 시작한 미국이나 유럽, 중국에 비하면 이제 시작 단계입니다. 인공 지능의 원리를 이해하고 활용하기 위한 준비가 필요한 때입니다.

이 책은 친구와 대화를 나누듯이 인공 지능을 이해하고 학습할 수 있도록 구성되었습니다. 인공 지능이 인간의 지능과는 어떻게 다를까? 인공 지능은 어떻게 학습하고, 우리의 일상 생활에 어떻게 활용되고 있을까? 인공 지능이 우리처럼 생각하고 그림을 그릴 수 있을까? 인공 지능이 일반화된, 미래의 우리 생활 모습은 어떻게 변해 있을까? 이 책은 여러 궁금증에 대한 답을 찾고 응용할 수 있는 사고력을 기를 수 있도록 인공 지능 학습에 꼭 필요한 지식을 7개의 영역으로 나누어 담았습니다.

현실 세계와 똑같은 디지털 세계의 쌍둥이 구조물에서 실험도 하고, 놀이를 통해 배우고, 여러분만의 아바타를 이용하여 판타지의 세계를 만들 수도 있습니다. 이제 인공 지능을 학습하고 우리의 미래에 할 일을 생각해 봐야겠지요.

이 책은 서울교육대학교 김갑수, 김정원 교수님, 그리고 중앙대학교 이문형, 김세희, 진종호 석박사들이 함께 만들었습니다. 이 책이 나오기까지 초고를 읽고 감수를 맡아 주신 중앙대학교 최종원 교수님과 출간까지 애써 주신 HK+ 인공지능인문학 사업단 단장님이신 이찬규 교수님과 관계자 분들, 그리고 (주) 사이언스북스 편집진 여러분께 고마움을 전합니다.

차례

1부

인공 지능을 만든 사람들

1 인공 지능은 무엇인가요?

1. 인공 지능이란 무엇일까요?

소연 박사님! 인공 지능이 무엇인지 알고 싶어요.

박사님 **인공 지능**이란, 사람이 두뇌를 갖고 행동하는 것처럼, 지능을 가진 기계입니다. 즉 인공 지능이란 사람처럼 사물을 인식하고, 학습하고, 추론하고, 소통하고, 움직일 수 있는 기계입니다. 말 그대로 인공 지능은 사람이 만든 지능이지요. 현재의 인공 지능이 사람의 능력과 비교하여 어떤 수준까지 왔는지 생각해 볼 필요가 있습니다. 인공 지능 변호사, 의사, 판사, 과학자, 기자, 작곡자, 소설가 등 모든 분야에서 인공 지능이 사람과 같은 역할을 하며 공존하는 변화가 나타나고 있습니다. 인터넷 기사를 검색해 보면, 기자가 아닌 인공 지능이 작성한 기사도 찾아볼 수 있습니다.

챗GPT와 미드저니란?
요즘 인공 지능은 기사 작성뿐 아니라 다양한 역할을 합니다. 챗GPT는 어떤 주제에 대한 글을 작성해 주고, 미드저니는 그림을 정교하게 그려 주기도 합니다.

2. 뉴런과 퍼셉트론

소연 박사님! 사람의 뇌와 인공 지능은 작동 방식이 같은 것인가요?

박사님 소연이가 아주 영특하군요. 사람 뇌 속의 신경 세포인 뉴런이 서로 연결되면서 정보가 전달되는 것에 착안해 인공 지능도 개발되었답니다. 1958년 IBM 사에서 뇌의 기본 단위인 뉴런과 같은 역할을 하는 프로그램을 개발했는데, 이것이 바로 **퍼셉트론(Perceptron) 알고리듬**입니다. 이것을 본 사람들은 단순한 컴퓨터 프로그램이 아니라 인간의 지능을 갖는 기계가 될 것이라고 생각했지요.

당시 《뉴욕 타임스》에 실린 기사에 따르면, 퍼셉트론 알고리듬을 본 전문가들이 앞으로는 컴퓨터가 걸을 수 있고, 서로 이야기할 수 있고, 서로 볼 수 있고, 글을 쓸 수 있고, 자기 자신을 복제할 수 있고, 자기 존재를 의식할 수 있으리라 예측한 것을 확인할 수 있습니다. 이때부터 컴퓨터 언어도 발전하여 이를 이용하여 많은 복잡한 문제들을 해결하는 도전을 시작했습니다.

"전자뇌가 자기를 스스로 가르친다."라는 제목의 1958년 7월 13일 자 《뉴욕 타임스》 기사.

알고리듬이란?

알고리듬이란 문제를 해결하기 위한 절차나 방법입니다. 예를 들어, 두 수의 최대 공약수를 찾는 알고리듬은 다음과 같이 설명할 수 있다. ① 첫 번째 수의 약수를 구한다. ② 두 번째 수의 약수를 구한다. ③ 두 수의 약수 중에 공통적인 약수를 구한다. ④ 공통적인 약수 중에 가장 큰 수가 최대 공약수이다. 이렇게 단계적으로 어떤 문제를 해결하는 것을 알고리듬이라고 합니다. 알고리듬이라는 말의 유래는 페르시아의 수학자 알콰리즈미(Al-Khwarizmi)가 825년경 출판한 책에서 체계적으로 방정식의 해법을 제시한 것이라고 합니다.

3. 바둑처럼 매우 복잡한 문제들

박사님 1997년 이후 인공 지능 프로그램을 지속적으로 개발하고 발전시켜 왔지만, 우리나라는 암흑기가 계속되고 있었습니다. 승현이는 바둑을 둘 줄 아나요?

승현 아직이요. 그냥 두 사람이 각각 검은 돌과 흰 돌을 바둑판에 두어 집을 많이 가져가는 사람이 이긴다는 정도만 알고 있어요.

박사님 그래도 괜찮아요. 수많은 경우의 수를 설명하려고 바둑 이야기를 꺼낸 것이니까요. 우리나라는 세계적인 바둑 강국이지요. 우리나라 사람들은 중국, 일본 사람들과 더불어 바둑을 사랑하고 아주 잘 둡니다. 바둑은 세상에서 그 어떤 게임보다 더 많은 경우의 수를 다루는 게임입니다.

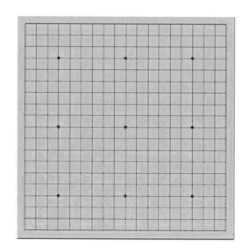

실제 바둑판은 다음 그림과 같습니다. 가로점 19개 세로점 19개 해서 총 361개의 점에 바둑돌을 둘 수 있습니다.

다음의 그림을 같이 살펴볼까요? 만약 바둑판이 격자 (□) 1개로만 이루어져 있다고 생각해 봅시다.

여기에 바둑돌을 놓는 경우의 수를 생각해 봅시다. 각 점에는 흑, 백의 돌을 놓을 수 있고, 또는 아무것도 안 둘 수 있는 세 가지 경우가 있습니다. 따라서 점 4개당 경우의 수 3개가 생기기 때문에 총 81개(3×3×3×3=81)의 서로 다른 경우의 수가 생깁니다.

그런데 게임 규칙상 바둑판에서는 그림과 같이 흑이 주변의 백으로 둘러싸인 경우는 절대로 생기지 않습니다. 이때에는 흑이 포위되어 없어지는 것입니다. 흑과 백이 바뀌어도 마찬가지입니다. 이런 경우가 다음 그림처럼 총 24가지 생기기 때문에(붉은색 V 표시) 총 경우의 수 81에서 불가능한 경우의 수 24를

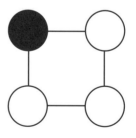

빼면 실제로는 57가지 경우가 생긴답니다.

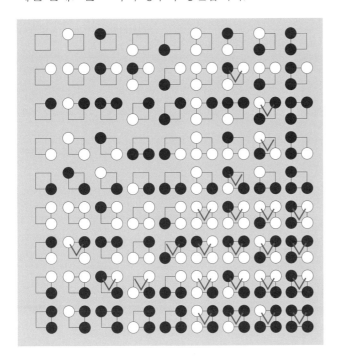

이 격자 19개가 가로 세로로 있는 것이 바둑판입니다. 승현이는 이때 경우의 수를 계산해 낼 수 있을 것 같아요?

승현 네모 칸 하나만 있는 바둑판에도 경우의 수가 81가지가 있는데, 가로 세로로 19칸이 있는 바둑판을 제가 어떻게 계산해 내겠어요? 정말로 수많은 경우의 수가 발생하겠네요.

박사님 그렇겠지요? 그런데 인공 지능은 이것을 쉽고 빠르게 예측해 낼 수 있다는 것이죠. 승현이는 2016년에 알파고와 이세돌 9단이 바둑 대국을 하는 것을 지켜보았나요?

승현 아주 어렸지만 부모님과 함께 보았어요.

박사님 알파고를 만든 구글과 그 대국 이야기는 2권에서 자세히 설명했습니다. 구글은 IBM의 인공 지능에 도전하기 위해, 경우의 수가 가장 많은 바둑을 두는 인공 지능인 **알파고**를 개발한 것이지요. 세계에서 경우의 수가 가장 많은 것을 생각하면서 처리하는 기계가 사람을 이긴 것입니다. 현재는 이런 기술들을 이용하여 얼굴 인식, 음성 인식, 몸짓 인식 등을 할 수 있는 알고리듬으로 발전하고 있답니다.

알파고란?
알파고(AlpaGo)는 인공 지능으로 바둑을 두는 소프트웨어입니다. 알파고는 인간이 바둑 게임한 것을 학습한 것이지만 알파고 제로는 스스로 학습한, 가장 강력한 바둑 소프트웨어입니다. 요즈음 바둑 방송을 보면 인공 지능 바둑이 다음에 어떻게 두어야 할지 판별하고 있습니다. 다음 사이트에 가면 알파고에 대한 많은 정보가 있습니다. 오픈 소스가 공개되어 있어 누구나 바둑 프로그램을 만들 수 있습니다. 도전해 보세요. (https://www.deepmind.com/research/highlighted-research/alphago 참조)

4. 뉴런을 본뜬 퍼셉트론

박사님 아까 소연이가 우리 뇌의 뉴런과 인공 지능이 유사하게 작동하는지 물어보았지요?

소연 예, 맞아요. 유사하다고 말씀해 주셨어요.

박사님 1943년 **워런 맥컬록(Warren McCulloch)**과 **월터 피츠(Walter Pitts)**라는 학자들이 다음 그림에서 보는 것 같은 퍼셉트론이라는 개념을 처음으로 발표했답니다. 이것을 우리는 맥컬록-피츠 모형이라고 합니다. 이는 우리 뇌 속 신경 세포인 뉴런의 수상돌기와 축삭돌기가 존재하는 것을 본떠 논리적으로 표현한 개념입니다. 맥컬록과 피츠는 입력이 2개이고 출력이 1개인 뉴런을 만들었습니다.

맥컬록과 피츠는 누구?
워런 맥컬록(1898~1969년)은 신경망을 인공 지능에 적용하는 연구를 한 학자이고, 월터 피츠 (1923~1969년)는 논리학자로서 신경망과 컴퓨터 과학 분야를 연구한 학자입니다. 맥컬록과 피츠 두 사람은 맥컬록-피츠 모형이라는 최초 수학적 신경망 모형을 만들었습니다.

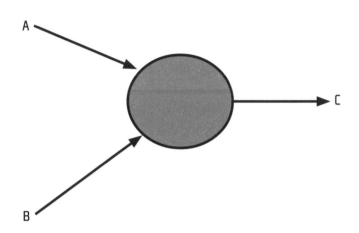

박사님 예를 들어 입력이 A와 B가 있고, 출력이 C 1개가 있는 것을 가정해 봅시다. 첫 번째 경우는 A 값이 1이고 B 값이 1일 때, C 값이 1인 경우가 있습니다. 두 번째 경우는 A 값이 0이고 B 값이 1일 때, C 값이 0인 경우가 있습니다. 세 번째 경우는 A 값이 1이고 B 값이 0일 때, C 값은 0인 경우가 있습니다. 마지막으로 A 값이 0이고 B 값이 0인 경우가 있습니다. 이 네 가지 경우로 간단한 게임을 만들 수 있습니다. 이것을 곱(and) 관계라고 합니다. 이를 표로 나타내면 다음과 같습니다.

입력값(A)	입력값(B)	출력값(C)
1	1	1
0	1	0
1	0	0
0	0	0

박사님 소연이 이해가 잘 되었나요?

소연 예, 그럼요.

5. 퍼셉트론 개념의 발전

박사님 그럼 이젠 좀 더 고차원적인 이야기를 해도 되겠군요. 퍼셉트론 개념이 어떻게 발전했는지 궁금하지요?

승현 예, 어서 이야기해 주세요!

박사님 **도널드 헵(Donald Hebb)**이라는 심리학자가 있었는데, 1949년 이 사람은 신경 세포(뉴런)가 성장하려면 수상돌기나 축삭돌기가 다른 뉴런에 충분히 지속적으로 영향을 주어야 하고 두 뉴런이 함께 작동해야 두 뉴런 간의 연결이 강화될 것이라고 주장했습니다. 뿐만 아니라 이것이 학습과 기억에 필요한 기본 작업이라는 생각을 제안했습니다. 이에 1957년 코넬 항공 연구소의 **프랭크 로젠블랫(Frank Rosenblatt)**이 입력값에 **가중치**를 주는 아이디어를 내어 퍼셉트론의 개념이 한 단계 발전되었지요.

승현 그러니까 뉴런의 수상돌기나 축삭돌기가 신호를 전달하는 역할을 할 때, 가중치에 따라 그 역할 정도가 달라진다는 말이군요. 즉 입력 신호에 가중치가 크면 클수록 출력에 큰 영향을 미치게 되고요.

박사님 와, 승현이 대단한데요? 하나를 가르쳐 주니 둘을 아는군요. 그럼 다음도 쉽게 이해할 것 같군요. 입력 신호가 2개(A, B)이고 출력이 1개(C)라고 생각하고, A에는 가중치 W_1이 있고, B에는 가중치 W_2가 있다고 생각해 봅시다. 그러면 $A \times W_1 + B \times W_2$의 값이 일정 수를 넘어가면 C에게 값이 전달되어 출력

도널드 헵은 누구?

도널드 헵(1904~1985년)은 캐나다의 신경 심리학자로서 신경 세포 뉴런과 학습의 관계를 연구한 학자입니다. 장기 기억의 경우에는 뉴런들이 연결되면서 물리적 변화가 발생하나, 단기 기억의 경우에는 그렇지 않을 것이라는 가설을 제안했죠.

로젠블랫은 누구?

프랭크 로젠블랫(1928~1971년)은 심리학자로서 인공 지능에 선구적인 연구를 한 학자입니다. 신경망 연구로 딥 러닝의 기초를 확립했죠. 그는 딥 러닝의 아버지로도 불립니다.

가중치란?

가중치는 중요도에 따라 값을 다르게 매기는 것입니다. A가 B보다 2배 중요하다고 생각하면 A는 가중치를 2로 정할 수 있고, B는 가중치를 1로 정할 수 있습니다.

값이 1이 되고, 그렇지 않으면 C에게 값이 전달되지 않는 0이 되는 것입니다.

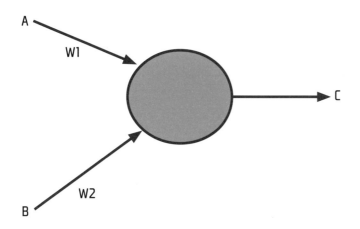

승현 박사님, 가중치의 예를 한번 들어봐 주실 수 있나요?

박사님 그래요. 승현이에게는 엄마가 한 말씀이 아빠가 한 말씀보다 3배나 더 영향을 미친다고 가정해 봅시다. 이것을 모형으로 나타내면 다음과 같이 가중치를 줄 수 있답니다. 즉 승현이는 아빠보다 엄마가 3배 정도 더 영향을 미치는 모델에 따라서 행동하고 있는 것이 된답니다.

승현 아하, 잘 알겠습니다. 우리 집 강아지는 제가 어떤 행동을 해도 잘 움직이지 않지만, 아빠는 조금만 행동을 해도 즉각 움직이는 것을 보면, 우리 집 강아지는 제가 1의 가중치를 갖고 아빠는 5의 가중치가 있는 것 같아요. 박사님! 그래서 우리 집 강아지가 움직이는 뉴런은 다음과 같이 표현하면 될까요?

박사님 훌륭해요! 정말로 승현이는 하나를 가르치면 열을 아는군요.

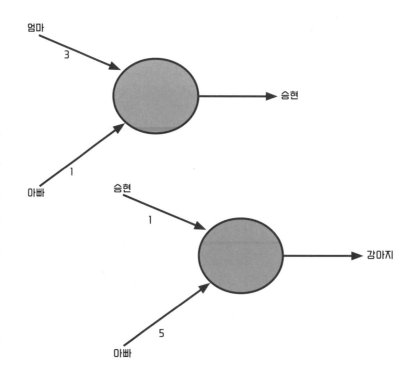

6. 기계 학습과 그 종류

박사님 소연이는 기계가 공부를 한다고 생각하면 어떨 것 같아요?

소연 그럼 사람은 공부하지 않고 기계에게 시키기만 하면 될까요? 신나겠는 걸요?

박사님 허허, 그런 이야기는 아니고요. 사람이 기계에게 일일이 명령을 내리지 않아도 기계가 스스로 공부하여 똑똑한 기계가 된다면 정말 편리하겠지요? 이처럼 기계에게 직접 가르치는 대신 공부할 내용을 던져 주면 그것을 가지고 기계가 스스로 학습하는 것을 **기계 학습**, 일명 **머신 러닝(machine learning)**이라고 합니다.

소연 그럼 정말 편리할 것 같아요.

박사님 기계 학습이 이뤄지면 사람보다 상상할 수 없을 정도의 빠른 속도로 쉬지도 않고 일을 할 수 있기 때문에 비용도 크게 절감할 수 있겠지요. 기계 학습 방법에는 지도 학습(supervised learning), 비지도 학습(unsupervised learning), 강화 학습(reinforcement learning)과 같이 세 종류가 있답니다.

소연 그럼 지도 학습이 무엇인지 알려주세요.

박사님 **지도 학습**은 이미 학습한 정보를 이용하여 판단하도록 하는 것입니다. 소연이네 강아지가 승현이 말에는 1만큼 영향을 받고 아빠 말에는 5라는

기계학습이란?

기계 학습은 아서 새뮤얼(Arthur Samuel, 1901~1990년)이 1959년에 만든 용어입니다. 새뮤얼은 최초로 체커 게임 프로그램을 개발했습니다.

지도학습이란?

지도 학습 알고리듬의 유형에는 분류 모형과 회귀 모형이 있습니다. 분류 모형은 개 사진과 고양이 사진을 학습한 후에 어떤 사진을 보고 개인지 고양이인지 판별하는 것입니다. 회귀 모형은 기존 데이터를 이용한 회귀식을 만들어서 이 식에 값을 입력하여 새로운 값을 예측하는 것입니다.

Machine learning

DATA 분석!

지도학습은?

영향을 받는 것은 이미 강아지가 학습을 한 결과입니다. 즉 인공 신경망의 가중치에 따라 학습한 결괏값이 결정되고, 이를 기초로 판단하는 것이 바로 지도 학습입니다. 소연이가 잘 이해되지 않는 것을 계속 학습하면 잘 이해되는 것과 같은 이치이지요. 잘 이해가 되었나요?

소연 조금 알 것 같은데요, 다른 예도 들어봐 주세요, 박사님!

박사님 다른 예를 들어보지요. 지금까지의 데이터로 볼 때 게임 대회에 나가서 수상할 확률이 소연이는 4퍼센트, 영수는 6퍼센트, 철희는 3퍼센트라고 가정해 봅시다. 이런 예측 수치는 이 친구들이 지금까지 게임 대회에 참석했던 데이터를 분석하여 얻은 것이지요. 즉 과거 데이터를 가지고 학습한 데이터가 되기 때문에 지도 학습에 해당합니다.

즉 지도 학습은 사람이 제시한 데이터를 바탕으로 인공 지능이 학습한 후에 정답 확률을 높여 가는 것입니다. 이때 학습 결과에 영향을 미치는 인자들을 조절하여 정확하게 판단할 수 있는 인공 지능을 만든다는 의미입니다.

소연 잘 알겠습니다. 이제 비지도 학습이 무엇인지 알려주세요. 학습하지 않고 학습하는 것인가요?

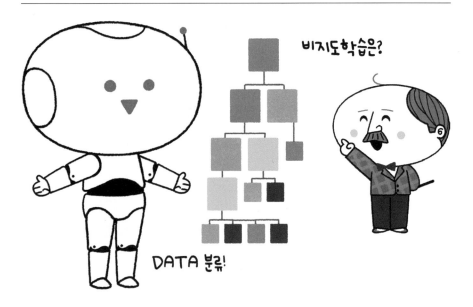

박사님 **비지도 학습**은 학습하지 않고 데이터들을 분류할 때 사용하는 것입니다. 비지도 학습은 학습이라기보다 분류하는 기준에 따라 데이터들이 여러 그룹으로 분류되는 것을 말합니다. 한 학급의 학생들이 있을 때 남학생과 여학생, 안경을 쓴 학생과 쓰지 않은 학생과 같이, 어떤 특성을 가지고 분류할 수 있는 것과 같습니다.

소연 아, 알겠습니다. 이것은 정말 쉽네요. 예를 들어, 사진에서 마스크를 쓴 사람과 쓰지 않은 사람으로 나누는 것이 비지도 학습이지요?

박사님 잘 이해했군요. 학습하지 않고 어떤 특성에 따라 바로 분류하는 것도 비지도 학습이고, 데이터들을 모아서 자동으로 분류하는 것 등도 다 비지도 학습입니다.

비지도 학습은 너무 많은 데이터가 있어서 사람이 직관적으로 알 수 없는 상황일 때 컴퓨터가 자동으로 판단하는 것입니다. 비지도 학습은 비슷한 특성을 가지는 데이터들을 분류할 때에 많이 사용됩니다.

소연 잘 알겠습니다. 이제 강화 학습이 무엇인지 알려주세요.

박사님 **강화 학습**은 기계에게 어떤 행동을 했을 때 그에 적합한 보상을 주어 보상을 가장 많이 받는 쪽으로 행동하게 하는 것입니다. 이때 보상하는 규칙을 만드는 것이 중요하겠지요. 예를 들어 게임에서 달릴 때는 10점을, 점프할 때는 8점을, 걸어가면 5점을 받는 규칙이 있다고 합시다. 그러면 기계는 게임에서 연속적으로 발생하는 여러 가지 상황에서 되도록 높은 점수를 받을 수 있는 선택 행동을 하겠지요. 이것이 바로 강화 학습입니다.

소연 잘 알겠습니다. 그러니까 강화 학습은 어떤 상태에서 보상을 많이 받는 쪽으로 행동하게 하는 것이군요. 프로 야구 선수가 게임을 이기는 것도 중요하지만 자신이 보상을 많이 받는 쪽으로 행동을 하고, 또 우리는 집에서 부모님께 보상으로 칭찬을 많이 받기 위해서 행동하는 것과 똑같은 원리인 거죠.

박사님 그렇지요. 잘 이해했습니다.

2 인공 지능 체험하기

인공 지능은 수많은 데이터를 처리하는 프로그램뿐만 아니라, 우리 생활 속의 다양한 분야에서 활용되고 있습니다. 이러한 인공 지능을 일부 체험해 보도록 하겠습니다.

1. 챗봇 체험하기

지금까지 우리는 모르는 것이 있을 때 누군가에게 직접 물어보거나 전화를 걸어 그 답을 얻곤 했지요. 그러나 지금과 같은 인공 지능 시대에는 메신저 등에게 필요한 것을 물어보면 로봇이 척척 답해 줍니다.

이것을 채팅(chatting)과 로봇(robot)을 합쳐서 챗봇(chatbot)이라고 합니다. 여러 가지 메신저에서 챗봇을 경험해 보세요. 그리고 느낀 점을 이야기해 봅시다.

옆의 그림은 어느 항공사의 챗봇과 고객이 나눈 대화입니다.

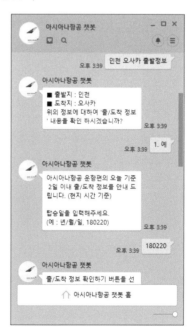

2. 인공 지능 체스 체험하기

인공 지능과 함께 체스(chess, 서양 장기) 게임을 해 봅시다.

다음의 사이트(www.chess.com)를 방문하면 인공 지능과 체스를 둘 수 있습니다. 직접 인공 지능과 체스 게임을 해 보고 느낀 점을 이야기해 봅시다.

3. 인공 지능 바둑 체험하기

인공 지능 바둑 프로그램으로는, 카타고(KataGo), 미니고(Minigo), 엘프오픈고(ELF OpenGo), 릴라제로(LeelaZero), 릴라마스터(LeelaMaster), 피닉스고(PhoenixGo), 사이(SAI) 등 많이 있습니다. 그중에서 카타고가 요즘 인기가 높습니다.

바둑 프로그램 중 하나를 골라 인공 지능과 직접 바둑을 두는 체험을 해 보세요. 바둑에 관심 있는 학생들은 흥미로운 경험이 될 것입니다.

사고력과 창의력 키우기

사과 분류 인공 지능 기계 만들기

　다음과 같은 사과를 분류하는 기계가 있다고 가정해 봅시다. 이 사과 분류기는 '크다.'와 '작다.'만 분류하는 기계입니다. 둘만 비교할 수 있고, 둘을 크기 순서대로 분류하는 것입니다. 분류기는 크기를 조절하는 기능이 있습니다. 예를 들어 기준 크기를 10센티미터로 해 놓으면 사과 지름이 '10센티미터보다 크거나 같은 것'과 '10센티미터보다 작은 것'으로 분류할 수 있는 것입니다. 다음 분류기는 사과를 10센티미터보다 큰 것과 작은 것으로 분류합니다.

　(다만, 두 사과 모두 10센티미터보다 작거나 크면 분류는 이루어지지 않는 것으로 가정합니다.)

---

　1) 사과를 '10센티미터보다 큰 것', '8센티미터보다 크거나 같은 것', '8센티미터보다 작은 것'의 세 그룹으로 분류하고자 합니다. 이 분류기 1대를 가지고 어떻게 사용하면 될까요?

2) 사과를 한 번에 세 그룹으로 분류하려고 하면 이 분류기를 어떻게 사용하면 될까요?

분류기 1대만 가지고 사과를 크기에 따라 3개 그룹으로 나누려고 하면, 매번 크기를 조절해야 하는 불편함이 있겠지요. 그래서 분류기들을 자동으로 연결하고자 합니다.

먼저 분류기 2대를 사서 그림과 같이 연결했습니다. 위의 분류기는 기준 크기를 10센티미터로 조절했고, 아래 분류기는 8센티미터로 조절했습니다. 그러면 분류기 2대를 가지고 사과를 3개의 그룹으로 나눌 수 있을 것입니다.

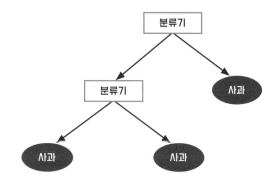

3) 사과를 4개의 그룹으로 나누려면 3개의 분류기를 사서 다음과 같이 연결하면 되겠지요.

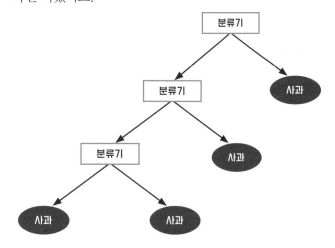

실제 3개의 분류기를 연결하는 방법은 여러 가지가 있을 수 있습니다. 다른 연결 방법들을 그려 보세요.

4) 사과를 크기에 따라 30개의 그룹으로 나누려면 29개의 분류기를 어떤 방법으로 연결하면 가장 효율적인지 생각해 봅시다.

다음의 경우를 가정하여 머신 러닝을 만들어 봅시다.

나는 친구 2명(준우, 유진)이 있다. 나는 두 친구의 행동을 보고 판단한다.

나는 준우와 유진의 행동에 따라 다음 표와 같이 행동을 합니다. 준우와 유진이가 동시에 행동을 할 때만 나도 행동합니다. 이때 나에게 영향을 미치는 가중치를 찾는 것이 바로 머신 러닝 학습입니다.

준우(X_1)	유진(X_2)	나
0	0	0
0	1	0
1	0	0
1	1	1

* 0: 행동하지 않는다. 1: 행동한다.

이 친구 2명이 나에게 영향을 미치는 것을 퍼셉트론 모형으로 만들 수 있습니다. 준우는 나에게 0.9라는 영향을 미치고, 유진도 나에게 0.9라는 영향을 미친다고 가정합시다.

먼저, 가중치 W_1을 0.9, W_2도 0.9를 두고, 결괏값이 0.5 이상이면 1을 출력하고 그렇지 않으면 0을 둔다고 가정합시다. 앞 표의 조건을 만족하는 퍼셉트론을 만들 수 있고, 이때 W_1과 W_2를 조절할 수 있습니다.

$$X_1 \times W_1 + X_2 \times W_2 = 0 \times 0.9 + 0 \times 0.9 = 0$$

이 식의 값이 0인 것은 0.5를 넘지 않으므로 0입니다. 이 값은 원하는 결과인 0과 같습니다. 따라서 가중치 (W$_1$, W$_2$)를 조정할 필요가 없습니다.

두 번째는 X$_1$이 0이고 X$_2$가 1일 때에 그 결과가 0이 나오는지 확인합니다.

$$X_1 \times W_1 + X_2 \times W_2 = 0 \times 0.9 + 1 \times 0.9 = 0.9$$

식의 값이 0.9인 것은 0.5를 넘기 때문에 1입니다. 이 값은 원하는 결과인 0과 다릅니다. 여기서 에러가 발생합니다.

$$E = \text{실제 값} - \text{예측한 값} = 0-1 = -1$$

따라서 가중치 (W$_1$, W$_2$)를 조정할 필요가 있겠지요.

새로 조정하는 W 값은 이전의 W 값에 E × Learning Rate를 더합니다. Learning rate는 학습률이란 뜻인데 최적화 알고리듬으로 조정하기 위한 값으로 보통 0과 1 사이의 값을 갖습니다. 여기서는 0.5라고 가정해 봅시다.

$$W_1 = W_1 + E \times \text{Learning Rate} = 0.9 + (-1) \times 0.5 = 0.4$$
$$W_2 = W_2 + E \times \text{Learning Rate} = 0.9 + (-1) \times 0.5 = 0.4$$

이제 우리는 새로운 가중치인 0.4를 얻었습니다. 기존의 가중치인 0.9가 0.4로 조정된 것이지요.

이제 변경된 가중치를 이용하여 세 번째 요소를 살펴봅시다.

세 번째는 X$_1$이 1이고 X$_2$가 0일 때에 그 결과가 0으로 나오는지 확인해 봅시다.

$$X_1 \times W_1 + X_2 \times W_2 = 1 \times 0.4 + 0 \times 0.4 = 0.4$$

식의 값이 0.4인 것은 0.5를 넘지 않음으로 0입니다. 이 값은 원하는 결과인 0과 같습니다. 따라서 가중치 (W$_1$, W$_2$)를 조정할 필요가 없겠지요.

다음은 네 번째 요소를 살펴봅시다.

네 번째는 X_1이 1이고 X_2가 1일 때에 그 결과가 1이 나오는지 확인해 봐야겠지요.

$$X_1 \times W_1 + X_2 \times W_2 = 1 \times 0.4 + 1 \times 0.4 = 0.8$$

식의 값이 0.8인 것은 0.5를 넘기 때문에 1이 됩니다. 이 값은 원하는 결과인 1과 같습니다. 따라서 가중치 (W_1, W_2)를 조정할 필요가 없습니다.

다음은, 두 번째 라운드를 해 봅시다.

첫 번째 요소인 X_1이 0이고 X_2가 0일 때에 그 결과가 0이 나오는지 확인합니다.

$$X_1 \times W_1 + X_2 \times W_2 = 0 \times 0.4 + 0 \times 0.4 = 0$$

식의 값이 0인 것은 0.5를 넘지 않기 때문에 0입니다. 이 값은 원하는 결과인 0과 같습니다. 따라서 가중치 (W_1, W_2)를 조정할 필요가 없습니다.

두 번째 요소인 X_1이 0이고 X_2가 1일 때에 그 결과가 0이 나오는지 확인해 봅시다.

$$X_1 \times W_1 + X_2 \times W_2 = 0 \times 0.4 + 1 \times 0.4 = 0.4$$

식의 값이 0.4인 것은 0.5를 넘지 않기 때문에 0입니다. 이 값은 원하는 결과인 0과 같습니다. 따라서 가중치 (W_1, W_2)를 조정할 필요가 없습니다.

세 번째와 네 번째는 이미 확인해 보았기 때문에 더 이상은 할 필요 없겠지요. 그러면 다음과 같은 퍼셉트론을 만들 수 있습니다.

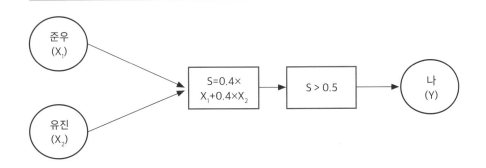

　제가 만든 초보적인 퍼셉트론 신경망을 이용한 학습 모듈은, 준우가 행동하면 0.4의 가중치를 주고 유진이가 행동해도 0.4의 가중치를 주며, 2개의 합이 0.5을 넘을 때 내가 행동을 하는 모형입니다.

　준우가 행동하고 유진이가 행동하면 0.4+0.4=0.8은 0.5보다 크기 때문에 나는 행동을 하는 것입니다.

　준우가 행동하지 않고 유진이가 행동하면 0+0.4=0.4가 되어 0.5보다 크지 않기 때문에 나도 행동하지 않는다는 것을 알 수 있습니다.

　이 모형은 준우와 유진 두 사람이 행동해야 내가 행동하는 것입니다.

　더 나아가, 우리 반 친구들 30명의 행동을 보고 내가 행동을 하는 모형을 생각해 볼 수도 있겠습니다.

　그러면 입력값이 30개가 되고 출력값이 1개인 신경망이 되는 것입니다. 이런 개인 신경망이 여러 개 모이면 지금과 같은 **딥 러닝(deep learning)**이 만들어지게 됩니다.

딥 러닝이란?
사람이 생각하는 방식을 컴퓨터에게 가르치는 기계 학습의 한 분야입니다. 기계 학습 알고리듬의 집합입니다. 심층 학습이라고도 합니다.

2부

데이터를 분석해 볼까요?

1 데이터 분석의 뜻 알아보기

얘들아 도와줘.

1. 빅 데이터란 무엇인가?

박사님 소연이와 승현이가 놀러 왔구나! 오늘은 뭐가 궁금해서 왔을까?

승현 엊저녁에 인공 지능에 관한 뉴스를 보았어요. 그런데 잘 모르는 이야기가 나오더라고요.

박사님 그래? 무슨 이야기였는데?

소연 우리가 사는 시대가 인공 지능 시대에 들어섰다고 하면서 **빅 데이터(Big Data)**가 중요하다고 이야기를 했어요. 그런데 빅 데이터가 무엇인지 잘 모르겠더라고요. 빅 데이터가 왜 중요한지도 모르겠고요. 그래서 승현이하고 상의해서 박사님께 여쭤 보려고 왔어요.

박사님 아! 그래서 왔구나. 빅 데이터라는 말을 처음 들으면 잘 모를 수 있지. 그렇다면 빅 데이터에 대해 같이 알아볼까?

승현, 소연 신난다! 박사님 얼른 가르쳐 주세요.

> **빅 데이터란?**
> 빅 데이터는 존 매셰이(John Mashey)가 1990년대부터 대중적으로 사용했다고 하지만 정확한 제안자는 없습니다. 처음에는 용량이 너무 커서 그 당시의 소프트웨어가 처리하지 못하는 데이터 집합을 빅 데이터라고 하였습니다. 우리 집 차에 큰 짐을 못 실을 때 빅(big)이라는 용어를 사용하는 것처럼 데이터가 너무 커서 처리하지 못하는 경우를 가리킨 거죠.

박사님 너희들, 지난번에 데이터, 정보, 지식에 대해 공부한 것은 기억이 나니?

승현, 소연 그럼요!

박사님 그게 무슨 뜻인지 설명할 수 있니?

승현 예! 데이터는 우리 주변에서 볼 수 있는 숫자나 문자를 뜻해요. 예를 들면 체력 검사를 할 때 측정하는 우리 반 학생들의 키나 몸무게가 여기에 해당해요.

박사님 잘 아는구나. 그럼 정보는 무엇이지?

소연 그건 제가 설명할게요. 데이터는 모아 두면 그 자체로는 의미가 없어요. 승현이가 말한 키와 몸무게를 적어 놓으면 단순하게 숫자만 모아 놓은 것에 불과해요. 그런데 승현이네 반 아이들의 키와 몸무게의 평균을 구하면 의미가 있게 돼요. 승현이가 반 아이들 중에서 어느 정도의 키인지 알 수도 있어요. 이때 키의 평균은 정보가 되는 거예요.

박사님 소연이가 예를 들어 설명을 잘했네. 그럼 마지막으로 지식은 무엇일까?

승현 제가 다시 설명하겠습니다!

박사님 하하! 이번에는 승현이 차례구나. 사이좋게 설명해서 좋은걸!

승현 우리 반 아이들의 키와 몸무게를 계속 생각해 볼게요. 키와 몸무게의 평균을 구한 후 소연이네 반의 평균과 비교를 해 보면 어느 반 아이들이 더 키가 큰지, 또는 몸무게가 더 나가는지를 알 수 있어요. 그럼 우리는 소연이네 반과 우리 반 학생들의 키와 몸무게를 비교해서 새로운 사실을 알게 되는 거예요. 이게 바로 지식이죠.

박사님 와! 훌륭하게 설명해 주었네. 그럼 빅 데이터는 승현이와 소연이가 이야기한 데이터, 정보, 지식과 전혀 관련이 없을까?

승현, 소연 잘 모르겠어요.

박사님 빅 데이터는 데이터, 정보, 지식과 깊은 관련이 있어요. 아까, 승현이네 반 학생들의 키와 몸무게를 예로 들었는데, 전 세계의 학생들을 대상으로 키와 몸무게를 조사하면 어떻게 될까?

승현 그렇게 하면 너무나 많은 키와 몸무게의 데이터가 모일 것 같아요.

박사님 맞아! 그런데 더 나아가서 전 세계 모든 사람의 키와 몸무게를 조사한다면?

소연 그럼 그게⋯⋯ 인구가 80억 명 정도 되니까⋯⋯ 전 세계 인구의 키와 몸무게 데이터를 엑셀에 넣으면 엑셀이 어떻게 되는지 경험해 보는 것이 좋을 것 같습니다.

박사님 그렇겠지? 그렇게 엄청나게 많은 데이터를 빅 데이터라고 한단다. 또 다른 예를 들면 사람들은 하루에 얼마나 많이 인터넷 검색을 할까? 80억 명이 1건만 검색해도 80억 건인데⋯⋯ 상상할 수 없을 만큼 많은 검색이 이루어지겠지?

승현, 소연 예! 너무 많아서 상상할 수가 없어요.

박사님 그렇게 우리 주변에서 데이터를 모으다 보면 어마어마한 용량의 데이터를 접하게 되는데, 이것을 빅 데이터라고 하는 거야.

승현 이제 빅 데이터가 무엇인지 알 것 같아요! 그런데, 빅 데이터가 왜 중요하지요? 너무 많은 데이터라서 뭐가 뭔지 알기 힘들 것 같은데요.

박사님 승현이가 아주 중요한 이야기를 했구나! 승현이 말에 힌트가 있단다!

승현 예? 제 말에요?

박사님 맞아! 다시 키와 몸무게로 돌아가서 전 세계 모든 사람의 키와 몸무게와 관련된 빅 데이터를 수집했다고 가정해 볼까? 너무나 큰 데이터라서 무엇을 해야 할지 잘 모르겠지? 그럼 그 빅 데이터를 분류해 볼까? 키와 몸무게 빅 데이터를 국가별, 나이별, 성별로 분류하면 무엇을 할 수 있을까?

소연 서로 비교할 수 있을 것 같아요!

박사님 정답! 분류된 데이터를 서로 비교하면 단순히 크고 작은 것만 알 수 있을까?

승현, 소연 아니요! 더 다양한 분야에 이용할 수 있을 것 같아요.

박사님 옳지! 어떤 분야에 이용할 수 있을지 이야기를 해 볼까?

승현 예를 들어 우리나라와 미국 사람들의 키와 몸무게를 비교해서 옷이나 음식과 관련된 제품을 만들 때 활용할 수 있어요.

박사님 그렇지! 조금 더 자세하게 생각해 보면, 옷을 만드는 회사는 국가별로 키 빅 데이터를 분석해서, 그 나라 사람들의 체형에 맞는 옷을 만들어 팔면 좋은 결과를 얻을 수 있지 않을까?

소연 맞아요. 예전에 엄마가 외국에서 옷을 사 오셨는데, 옷 크기가 맞지 않아서 못 입었던 기억이 나요! 같은 크기라도 나라별로 조금씩 차이가 있는 것 같아요.

박사님 그래서 빅 데이터를 잘 분석하면 물건을 만들어 팔거나 미래에 벌어질 일을 예측하는 데 도움을 주지.

승현 박사님!

박사님 왜 그러니?

승현 박사님 말씀을 듣다 보니 한 가지 궁금한 점이 더 생겼어요.

박사님 응? 그게 뭘까? 빅 데이터에 대해 잘 설명한 것 같은데.

소연 아하! 나랑 같은 것 같네. 승현아, 내가 말해 볼게!

박사님 그래? 궁금하구나!

소연 박사님께서 "데이터를 분석해야 한다."라고 하셨는데, 데이터 분석을 어떻게 해야 하는지 궁금해졌어요! 맞지, 승현아?

승현 응. 박사님! **데이터 분석**이란 무엇인가요? 그리고 어떻게 해야 하나요?

박사님 우리 꼬마 박사들이 궁금증이 많구나. 다음 사례들을 보면서 같이 알아보자꾸나! 데이터, 지식, 정보, 데이터 분석에 대해 차례차례 알 수 있을 거야!

데이터 분석이란?
데이터 분석은 유용한 정보를 기반으로 의사 결정하는 것으로 데이터를 검사하고, 정리하고, 변환하고, 모델링하는 과정입니다.

2. 아프면 병원 가는 이유?

박사님 둘 다 최근에 병원에 다녀왔다고 했지?

승현, 소연 예!

박사님 그때 의사 선생님이 뭐라고 하셨지?

승현 저는 감기라고 하셨어요. 그래서 감기약을 먹고 있어요.

소연 저는 목에 염증이 생겼대요. 그래서 소염제를 먹고 있어요.

박사님 둘 다 기침을 해서 병원에 갔는데, 의사 선생님이 서로 다르게 처방을

요즘...
학교가 가기 싫고
갑자기 학교가 가기 싫은데
학교가 가기 싫어요

흠.....

내렸네! 그 이유를 생각해 볼까?

승현, 소연 예. 궁금해요.

박사님 아래 그림을 참고로 볼까? 그림에서 12라는 숫자는 데이터, 정보, 지식 중에서 어디에 속할까?

소연 데이터요!

박사님 맞아. 12라는 숫자는 단순한 데이터야. 그런데 기침을 12회 했다고 하면 정보가 되는 것이지. 그런데 기침을 12회 했다고 해서 감기라고 할 수 있을까?

승현 그렇기에는 뭔가 조금 부족한 것 같은데요.

소연 저도 그렇게 생각해요. 저도 기침이 나와서 갔는데, 감기라고 하지 않았거든요.

박사님 그래, 단순하게 기침을 12회 했다고 감기라고 하기는 힘들겠지. 그런데 승현아! 의사 선생님이 기침 말고 다른 것을 물어보지 않았니?

승현 콧물이 나오냐고 물어 보셨어요.

박사님 그리고?

승현 목이 아프고 가래도 나오냐고 물어 보셨어요.

박사님 바로 그거야! '콧물이 나온다.'라는 것과 '목이 아프고 가래도 나온다.'라는 것은 또 다른 정보가 되는 거야.

소연 아! 그 부분은 저하고 다르네요. 저는 그런 증상이 없는데.

박사님 의사 선생님은 기침을 하고 콧물이 나며 목 아픔과 가래가 있으므로 감기라고 판단을 하신 거야. 이것을 의사 선생님이 가지고 있는 지식이라고 할 수 있단다.

소연 그럼 전 거기에 해당하지 않아서 그냥 목이 아픈 증상과 관련된 약만 주신 거네요.

박사님 그렇지! 의사 선생님은 기침 12회, 목 아픔, 콧물이라는 데이터를 가지고 감기 증상이라는 지식과 연결해서 진단을 내리시는 거지.

소연 아! 그래서 의사 선생님이 자꾸 이것저것 물어보시는군요.

박사님 맞아! 의사 선생님은 환자에게 질문을 해서 진단을 내리는 데 필요한 데이터를 수집하는 거야. 그리고 그 데이터가 의미하는 것이 무엇인지 생각해 보는 거지. 바로 이 부분을 '데이터 분석'이라고 한단다.

승현 아! 그럼 데이터 분석은 결국 수집한 데이터들이 무슨 의미가 있는지 알아내는 것이네요.

박사님 그렇지. 그래서 우리가 아프면 병원에 가는 것이고. 그리고 나처럼 데이터를 분석하는 전문가가 필요한 거지! 하하하!

승현 그러면, 의사 선생님이 환자에게 이것저것 묻는 것은 결국 진단을 하기 위해서 데이터와 정보를 수집하는 것이네요. 그리고 그것이 바로 의사 선생님이 데이터를 분석하기 위해 사용한 방법이고요!

박사님 딩동댕! 그래서 병원에 가면 의사 선생님 질문에 대답을 잘해야 한단다. 환자가 잘못 대답하거나 잘 기억하지 못하는 데이터가 있으면 의사 선생님이 아픈 상태를 제대로 파악하지 못할 수도 있어. 아픈 상태를 파악하지 못하면 의사 선생님이 환자의 정보를 분석할 수 없기 때문에 정확하게 진단을 할 수도 없고, 그러면 병원에 가도 소용이 없겠지?

소연 예. 이제 데이터가 왜 중요하고, 데이터 분석이 무엇인지 알 것 같아요.

승현 데이터 분석 방법도 알게 되었고요.

박사님 그럼, 조금 더 복잡한 '데이터 분석'의 세계로 가 볼까?

승현, 소연 예!

여러 데이터를
분석해 보니
승현이의 증상은
'하기 싫어증'이라는
진단이 나오네?

3. 센서 데이터 분석

박사님 자동차가 도로를 달리는 것을 보면 어떤 데이터가 떠오르지?

승현 버스나 승용차 같은 자동차의 대수가 궁금해요.

박사님 승현이는 자동차 대수라는 데이터가 궁금한가 보네.

소연 저는 어느 정도의 속도로 달리고 있을지 궁금해요.

박사님 소연이는 자동차 속도라는 데이터가 궁금하고. 소연이가 이야기한 자동차 속도 데이터를 가지고 생각을 해 볼까? 자동차를 타고 가다 보면 도로마다 최고 속도가 정해진 표지판을 본 적이 있지?

승현, 소연 예. 일반 도로하고 고속 도로가 최고 속도가 달라요.

박사님 맞아! 만약 최고 속도를 위반하고 달리면 어떻게 되지?

소연 교통 법규를 어겨서 벌금을 내거나 벌점을 받아요. 벌점을 많이 받으면 운전 면허가 취소되고요.

박사님 옳지! 잘 알고 있구나. 그럼 도로를 달리는 자동차들이 속도를 위반하는지 어떻게 알 수 있을까?

승현 도로 위를 보면 카메라 같은 것이 있어요. 그게 아마도, 과속 단속 카메라라고 했던 것 같아요.

소연 저는 경찰관이 카메라 같은 것을 들고 단속하는 것을 본 적이 있어요.

박사님 잘 알고 있구나! 과속 단속 데이터를 수집하기 위해 도로의 과속 단속 카메라가 촬영하거나 경찰관이 직접 촬영하는 방법을 이용하지. 그럼 두 가지 중 어느 것이 더 효율적일까?

승현 저는 도로의 과속 단속 카메라 촬영이 더 좋은 방법 같아요.

박사님 왜 그렇게 생각하지?

승현 도로의 과속 단속 카메라를 이용하면 자동으로 계속 촬영할 수 있지만, 경찰관이 하면 그것이 힘들 것 같아요.

박사님 그렇지! 과속 단속 카메라는 자동으로 데이터를 수집하니까 경찰관의 수고로움을 덜 수 있단다. 그리고 수집된 데이터도 자동으로 분석할 수 있다는 장점도 있지.

승현, 소연 그렇겠네요.

박사님 그러면, 카메라가 어떻게 과속 단속을 하는지 그 원리는 알고 있니?

승현, 소연 아니요, 잘 모르겠어요.

박사님 하하하! 과속 단속 카메라가 마술을 부려 달리는 자동차 안의 속도계를 찍지는 않을 테니 내 설명을 잘 들어보거라. 그건 바로 도로 위에 그림과 같이 센서가 2개가 있기 때문에 가능하단다. 도로 위에 왜 센서가 있을까?

소연 아하! 알 것 같아요. 도로 바닥의 센서 2개를 이용해서 속도를 알아내는 것이군요. 첫 번째 센서를 지나갈 때의 시각과 두 번째 센서를 지나갈 때의 시각을 알면 두 지점을 지나갈 때 걸린 시간을 구할 수 있어요. 그리고 첫 번째 센서와 두 번째 센서 사이의 거리를 알고 있으니, 과학 시간에 배운 것을 이용하면 속도를 구할 수 있어요.

박사님 오! 과학 시간에 공부를 열심히 했구나! 맞아! 만약 두 센서의 거리가 30미터이고, 자동차가 두 센서를 지나가는 시간이 1초라고 하면 1시간(60분×60초 = 3,600초)에 갈 수 있는 거리는 3,600초×30미터/초=108,000미터란다. 즉 시속 108킬로미터가 되는 것이지. 따라서 보통 고속 도로 최고 속도 제한이 시속 100킬로미터이기 때문에 이 경우에는 속도 위반에 해당된단다. 이렇게 데이터와 정보를 가지고 자동차 속도를 계산한 후 속도 위반을 판단하는 것이 데이터 분석의 주요 사례란다. 원하는 결과를 정확히 얻기 위해서는 데이터 분석이 매우 중요해.

승현 박사님 설명을 들으니 잘 알 것 같아요. 그런데 어떤 차가 과속을 했는지 어떻게 알지요? 아주 많은 자동차가 도로를 달리고 있는데요.

박사님 그건 다음 그림을 보면 또 이해가 될 거다.

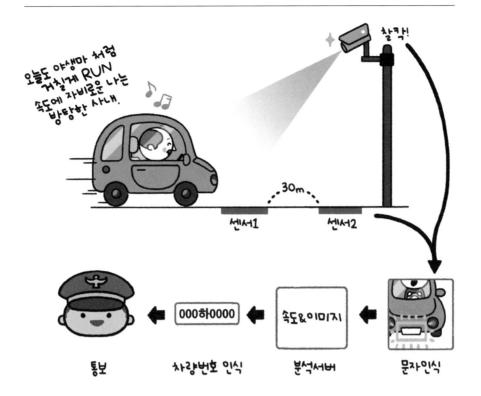

승현 아! 알 것 같아요. 박사님! 도로 위의 카메라가 번호판을 인식하고, 도로 바닥에 있는 센서는 속도를 감지 측정하는 거죠? 즉 카메라의 번호판 정보와 센서의 속도 정보를 이용하여 어떤 차가 속도 위반을 했는지 알아내는군요!

박사님 와! 우리 소연이와 승현이가 이제 데이터 박사가 될 자격을 얻었네. 도로 공사를 할 때 도로에 센서를 설치하면 과속 단속에 이용할 뿐만 아니라 차량의 통행량을 알 수도 있지. 즉 교통 통행량 데이터를 수집하는 거야. 그리고 수집된 이 데이터들을 우리나라 정부에서 공개하고 있단다. 따라서 누구나 도로의 센서 데이터를 이용하여 좋은 응용 프로그램을 만들 수 있지. 그러면 우리나라 도로 위의 자동차들이 만들어 내는 데이터가 굉장히 많겠지? 이런 데이터를 뭐라고 한다고 했지?

승현, 소연 빅 데이터요!

박사님 점점 대답을 잘하는구나! 그럼 다음 공부를 해 볼까?

승현, 소연 예!

4. 위치 정보 시스템

박사님 이번에는 너희들이 궁금한 것을 물어 보거라. 자동차를 타고 가다 겪었던 일이면 무엇이든지 좋아!

소연 지금 떠오른 생각인데요.

박사님 뭐지?

소연 며칠 전에 외할아버지께서 광주에서 서울로 고속 버스를 타고 오신다고 해서 엄마와 함께 마중을 나갔어요. 그런데 고속 도로가 막혀 버스가 제시간에 도착하지 못해 한참을 기다렸어요. 그때 그 고속 버스가 안성을 지나고 있다는 정보를 알 수 있어서 흥미로웠어요. 어떻게 그런 정보를 알 수 있을까요? 박사님이 방금 말씀하신 대로 고속 도로의 카메라가 버스를 일일이 계속 찍으려면 아주 많은 카메라도 필요하고, 정말 번거로운 일일 것 같아요.

박사님 항상 무엇인가 복잡하면 '다른 방법은 없을까?' 하고 생각하는 태도가 매우 중요하단다. 방금 소연이가 한 말을 생각해 보면 고속 버스의 위치를 알려주는 다른 방법이 있는 것 같은데? 어떻게 생각하니?

승현 박사님! 저는 뉴스에서 위치를 추적하는 센서가 있다고 방송하는 것을 들었어요. 사람이나 버스의 위치를 알려주는 센서를 이용하면 되지 않을까요?

박사님 매우 좋은 생각이네. 승현이 말처럼 위치 센서를 이용하면 버스의 위치를 쉽게 알 수 있단다. 일상 생활에 이미 많이 사용되고 있고 너희들이 쓰는 스마트폰에도 위치 센서가 있단다. GPS(global position systems, 전 지구 위치 측정 시스템)라는 것을 들어보았니?

승현, 소연 예. 들어보았어요.

박사님 GPS는 다음 그림과 같이 인공 위성을 이용하여 위치 정보를 알려주는 시스템이란다. 그럼, 지구에서 내 위치는 어떻게 나타낼 수 있을까?

승현, 소연 글쎄요? 박사님이 알려주세요.

박사님 그럼, 모눈종이를 이용해서 직접 실습을 해 볼까? 모눈종이의 한 곳에 점을 찍어 내가 그곳에 있다고 가정해 보자. 이때 어떻게 하면 내 위치를 나타낼 수 있을까?

소연 박사님! 이렇게 하면 나타낼 수 있겠어요. 제일 왼쪽 아래에서 박사님을 찾아가기 위해서 오른쪽으로 3칸으로 가고, 위쪽으로 7칸을 가면 됩니다. 즉 박사님의 위치는 (3, 7)로 표시할 수 있을 것 같아요.

	박사							
나								

박사님 딩동댕! 이 원리를 이용해서 지구 전체를 모눈종이처럼 가로 세로로 나누어 위치를 정해 볼까? 오른쪽과 왼쪽으로 가는 세로 선을 '경도'라고 하고, 위쪽과 아래쪽으로 가는 가로 선을 '위도'라고 한단다. 그리고 경도와 위도를 이용해서 지구에서 특정한 곳의 위치를 정하는 것이지.

승현 아! 인터넷 웹사이트에서 서울의 위치를 검색한 적이 있는데, 광화문을 기준으로 동경 126도, 북위 37도라고 한 것을 보았어요. 그 방법이 경도와 위도를 이용한 것이네요.

박사님 그렇지!

소연 그럼 외할아버지가 탄 버스도 GPS를 이용한 것이겠네요?

박사님 물론 그렇지. 고속 버스에 GPS 센서만 있으면 고속 버스의 위치를 인공 위성을 이용해서 쉽게 알 수 있단다. 복잡하게 도로 센서와 카메라 센서를 이용하지 않아도 말이야. 그럼 GPS를 통해 수집되는 데이터의 양은 얼마나 될까?

승현 하루에 고속 도로를 달리는 차의 숫자를 생각하면 어마어마하게 많은 데이터를 얻을 수 있겠는데요!

박사님 그러한 데이터를 한마디로 부르면?

승현, 소연 빅 데이터!

박사님 맞아! 빅 데이터라고 할 수 있지. GPS를 이용하는 또 다른 예로 버스 정류장에서 버스 도착 시각을 알려주는 시스템이 있단다. 본 적 있지?

승현 예. 요즘 버스 정류장에는 다 있어요. 그러니까 시내 버스도 GPS를 장착하여 현재 위치를 알 수 있는 거네요. 그동안 궁금했던 것이 해결되었어요.

박사님 그렇지만 GPS도 단점이 있단다. 어떤 단점이 있는지 생각해 볼까? 정확히 알아보려면 수학과 물리학 공부를 많이 해야 하니까 힌트를 줄게. 힌트는 인공 위성으로 위치 정보를 받는다는 거야. 인공 위성으로부터 어떻게 GPS로 정보를 주고받으면서 위치를 알 수 있는지를 생각해 보면 도움이 될 거야. 조금 더 설명하면 실제로 24개의 인공 위성이 지구를 돌고 있는데, 이 가운데 3개의 인공 위성으로부터 데이터를 받아 위치 정보를 보내고 있단다. 다음 쪽의 그림을 참고해 봐!

소연 아! 알겠어요! 지구상 어딘가는 인공 위성으로부터 정보를 받지 못하는 경우가 있겠네요. 특히 터널 안이나 건물 안에 있을 때는 위치 정보를 알 수

없을 것 같아요. 또는 높은 빌딩이 주변에 있을 때에도 위치 정보를 못 받을 수 있어요.

박사님 맞아! 그래서 GPS가 만능은 아니라는 거야. 그렇기 때문에 더 발전된 방법을 개발할 기회는 얼마든지 열려 있단다.

박사님 지금까지 공부한 것처럼 우리 주변에 있는 여러 센서들이 데이터를 만들어 내고 있단다. 이 데이터를 21세기의 원유라고도 하지! 원유와 같은 데이터를 잘 가공하면 우리 인류에게 유용한 정보와 지식으로 발전시킬 수 있기 때문에, 데이터를 잘 분석하는 것이 매우 중요하단다.

5. 자율 주행차

박사님 이제 자율 주행차 이야기를 좀 해 볼까?

승현, 소연 네네! 저희가 자동차에 정말 관심이 많거든요.

소연 운전자가 없어도 원하는 곳까지 스스로 운전해 주는 자동차를 말씀하시는 거지요? 자율 주행차도 센서와 관련이 있을 것 같아요.

박사님 상식이 대단한걸! 그럼 같이 생각해 볼까? 혹시 자동차가 주차할 때 '삐삐삐' 하는 소리가 나는 것을 들어본 적이 있니? 또 자동차 앞 화면에 카메라가 보이는 것도 본 적이 있니?

승현 예! 우리 집 자동차가 그래요. 아마도 자동차에 센서와 카메라가 설치되어 있어서 그런 기능을 이용할 수 있는 것 같아요.

박사님 맞아! 그럼 그런 기능들을 이용해 자율 주행차를 만들 수 없을까?

소연 박사님 말씀을 들어보니, 자율 주행차에 센서를 이용하면 될 것 같네요. 센서를 여러 개 설치하고 데이터를 수집하고 분석한 후 운전하게 하면 되지 않을까요?

박사님 오! 좋은 생각이구나! 그럼 한 단계 더 깊이 생각해 볼까? 자동차에 어떤 센서들을 붙여서 자동으로 운전하게 해야 할까?

소연 제 생각에는 차들의 앞뒤 간격을 알 수 있는 센서를 이용하여 차의 운전 속도를 조절하게 하고, 차선을 침범하는 것을 발견하게 하여 차선을 넘지 못하게 하고, 신호를 분석하여 정지할 수 있

게 하면 될 것 같아요.

박사님 아주 잘 생각했구나! 자율 주행차는 다음 그림과 같은 센서들을 붙여서 자율 주행할 수 있게 만들고 있단다.

승현 아, 자율 주행차도 센서에서 나오는 데이터를 분석하는 것이 매우 중요하겠네요. 굉장히 많은 데이터라서 빅 데이터라고 할 수 있고 분석을 잘하면 무엇이든 할 수 있을 것 같아요.

박사님 맞아! 여러 센서의 데이터를 분석해서 안전하게 자율 주행을 할 수 있는 자동차를 만드는 것이 굉장히 중요하지!

6. 콘텐츠 추천

박사님 이번에는 센서로 수집하는 데이터가 아닌 것에는 무엇이 있을지 생각해 볼까?

소연 유튜브에서 제가 좋아하는 댄스 동영상을 보고 있는데 그것과 비슷한 댄스 동영상을 추천해 주더라고요. 이것도 데이터와 상관이 있을까요?

박사님 그렇지! 같이 생각해 볼까? 소연이는 친한 사람들과는 자주 연락을 하지?

소연 예, 박사님! 그런데 친한 사람과 연락하는 것이 유튜브의 동영상 추천 기능과 무슨 상관이 있나요?

박사님 그것을 지금부터 알아볼 거야. 소연이 반에 학생 10명이 있다고 가정해 볼까? 소연이가 자주 연락하는 친구에 따라 문자나 전화한 횟수를 기록해 보니 아래 표와 같았다고 해 볼게. 아래 표를 보면 소연이가 영선이, 수정이와 자주 연락한다는 것을 알 수 있고, 그래서 친하다는 것을 생각할 수 있겠지?

영선	우정	예찬	지호	수영	수정	혜주	현주
73	56	32	2	45	78	34	67

승현 그러니까, 유튜브 동영상을 본 것을 문자를 보내거나 전화한 사람으로 가정하면 되겠군요. 사람 이름이 동영상이라고 하면, 소연이 동영상을 본 사람들은 영선이 동영상과 수정이 동영상을 많이 보았기 때문에, 소연이 동영상을 보고 있으면 그다음에 수정이 동영상과 영선이 동영상을 추천하면 되겠네요.

박사님 그렇지. 이것을 적용할 수 있는 다른 사례로는 무엇이 있을까?

소연 물건을 사고팔 때 적용할 수 있을 것 같아요. 사람들이 물건을 샀을 때, 함께 구입한 물건의 종류와 구입 횟수를 파악해 아래와 같이 구매 표를 만들면 어떨까요? 필통을 산 사람은 연필을 함께 많이 샀기 때문에, 연필을 추천하면 될 것 같아요. 가방을 산 사람은 필통을 많이 샀기 때문에 필통을 추천하면 되고요.

	필통	연필	가방	마우스
필통		23	12	3
연필	23		9	2
옷	12	9		6
마우스	3	2	6	

박사님 짝! 짝! 짝! 잘 설명했구나. 유튜브에는 동영상이 많이 올라와 있지? 이것을 위의 같은 표로 만들어서 모든 데이터를 분석할 수 있는데, 이것이 바로 빅 데이터 분석이야. 너희들이 구매하는 물건들을 분석하여 내가 구매하는 상품 말고 다른 상품을 추천해 주는 것도 모두 이와 같은 분석 방법을 이용한

단다.

승현 그 원리를 이해하니, 저도 추천 시스템을 만들 수 있을 것 같아요. 박사님! 추천 시스템을 만드는 것이 바로 데이터를 분석하는 방법이군요?

박사님 그렇지! 그런 사람들을 데이터 과학자라고 한단다. 데이터 과학자는 우리 주변의 센서 데이터 또는 인터넷의 상품 구입 데이터, 검색 데이터 등을 분석하고 눈으로 볼 수 있게끔 정리하여 필요한 목적에 잘 활용하도록 한단다. 너희들도 4차 산업 혁명 시대에 센서를 만드는 센서 과학자가 될 수 있고, 센서 데이터를 모아서 의료, 교육 같은 실생활에 필요한 새로운 것을 만드는 사람도 될 수 있지. 그럼 실제로 데이터 분석을 체험해 볼까?

승현, 소연 예! 박사님에게 배운 실력을 마음껏 발휘하겠습니다.

2 데이터 분석
체험하기

인터넷을 검색하면 사람들에게 무엇이 인기가 있는지 알 수 있습니다. 사람들이 관심 있는 단어들을 검색하면 그 단어를 분석하여 상품의 흐름 변화, 기업의 규모, 또는 대통령 선거의 당선자 등을 예측할 수 있습니다. 전 세계 인터넷 사용자가 40억 명 정도 된다고 합니다. 이들이 생성하는 데이터는 어마어마한 빅 데이터가 됩니다. 이러한 빅 데이터를 분석할 수 있는 기초적인 방법을 알아보겠습니다.

(1) 구글 검색어를 이용하여 "교육"과 "경제" 단어 검색 횟수 분석하기.

1. 다음 주소를 입력합니다. (2023년 12월의 검색 결과입니다. 아마 여러분은 다른 모양으로 구글에서 변경하였지만 자세히 보면 따라 할 수 있을 것입니다.)

https://trends.google.com

2. 다음과 같은 화면에서 "세계가 무엇을 검색하는지 탐색"이란 무슨 뜻일까요?

3. "교육"과 "경제"라는 단어가 구글에서 운영하는 사이트에서 검색되는 횟수를 비교해 보려고 합니다.

1단계: 아래 그림과 같이 "교육"을 입력하고 엔터 키를 누릅니다.

다음과 같은 화면이 나타납니다.

시간에 따른 관심도를 꺾은 선 그래프로 볼 수 있습니다.

2단계: "교육"과 비교할 "경제"를 입력하기 위해서 아래 화면에서 '+비교'를 클릭합니다. 그리고 "경제"를 입력한 후에 엔터 키를 누릅니다.

다음과 같은 화면이 나타납니다.

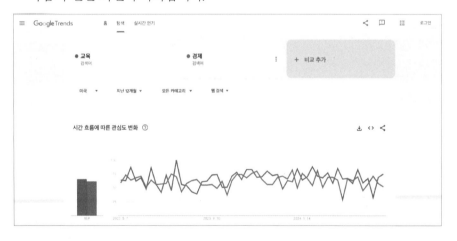

3단계: "교육"과 "경제"를 구글에서 입력한 횟수 데이터를 분석하여 두 단어가 검색된 흐름을 볼 수 있습니다. 위의 그림에서 두 단어가 검색된 흐름을 관찰했나요? 마우스를 그래프 선에 대고 움직이면 데이터를 바로 볼 수 있습니다. 2019년 8월 14일에 교육(35)이 경제(32)보다 약간 관심이 많았다는 것을 알 수 있습니다. 가장 격차가 많이 난 날짜는 2020년 3월 22일이라는 것을 알 수 있습니다.

4단계: 이 데이터를 csv 파일로 다운로드할 수도 있습니다. 다운로드해서 데이터 분석을 엑셀이나 프로그램 언어인 파이선(Python)을 이용하여 다른 목적으로 사용할 수 있습니다.

5단계: 지금까지의 데이터는 미국의 관심도인데, 이것을 대한민국으로 바꾸어 볼 수도 있습니다.

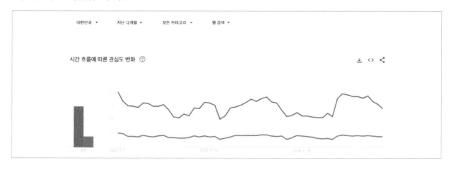

● "교육"과 "경제"에 "스포츠"라는 단어를 추가하여 분석하여 보세요.

● 지난 1년이 아니라 지난 5년간 "교육"과 "경제" 단어의 검색 횟수를 분석하여 보세요.

● 유튜브에서 검색되는 "교육"과 "경제" 단어의 검색 횟수를 분석하여 보세요.

● 뉴스에서 검색되는 "교육"과 "경제" 단어의 검색 횟수를 분석하여 보세요.

(2) 구글 뉴스 검색을 이용하여 미국 대통령 선거의 결과를 예측할 수 있었습니다. 2016년도 대통령 선거에서 도널드 트럼프 대통령이 힐러리 클린턴을 이기지 못한다는 뉴스가 매우 많았습니다. 그러나 구글은 키워드 검색으로 트럼프가 대통령이 될 것으로 예측했습니다. 이 내용을 한번 확인해 보고, 다음 미국 대통령 선거 결과를 예측해 보세요.

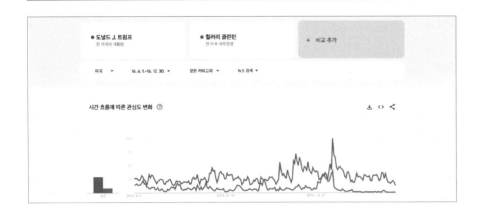

(3) 여러분이 좋아하는 가수를 조사하여 누가 인기가 있는지 알아볼 수 있습니다.

(4) 우리나라의 '네이버'를 활용하여 데이터를 검색할 수도 있습니다. 네이버로 검색어 동향 분석을 하려면 다음 사이트에 들어가야 합니다.

https://datalab.naver.com/

사고력과 창의력 키우기

(1) 다음 표는 학생 4명의 과목별 성적 데이터입니다. 표를 보고 물음에 답하여 보세요.

	국어	영어	수학	평균
유진	80	100	60	
수영	100	60	80	
성철	60	80	100	
한국	85	85	90	

물음 1. 4명 학생 각각의 평균 점수를 구하여 보세요.

물음 2. 학생들의 성적 데이터를 보고 자신의 의견을 설명하여 보세요.

물음 3. 국어, 영어, 수학 경시 대회가 열릴 예정입니다. 만약 여러분이 추천자라면, 각 경시 대회에 어떤 친구들을 추천할 것인지 그리고 그 이유는 무엇인지 설명하여 보세요.

	추천자	이유
국어		
영어		
수학		

(2) 인공 위성으로 GPS 위치를 알 수 있다고 합니다. 어떻게 현재의 위치를 알 수 있는지 생각해 봅시다.

물음 1. 인공 위성이 3개의 지점에서 GPS를 측정했을 때, 3개의 꼭짓점이 겹쳐지는 점이 정확한 GPS 위치가 될 것입니다. 그러나 이 방법으로 위치를 측정하여도 오차가 있습니다. 이유를 생각해 봅시다.

물음 2. 앞에서 이야기된 문제점을 해결하기 위해서 어떻게 하면 될 것인지 생각해 봅시다.

■활동1 추천 시스템 만들어 보기

여러분은 인터넷에서 동영상을 한 번 보면, 이와 비슷한 동영상이 나와서 매우 기분이 좋았을 것입니다. 물론 보고 싶지 않은 광고가 나와 조금 짜증이 날 때도 있겠지요. 내가 관심 있는 동영상을 추천해 주는 시스템을 직접 만들어 봅시다.

(1) 다음과 같이 초등학생에게 인기 있는 10개의 동영상이 있습니다.

유튜버(주제)	주요화면	영상URL
허팝(실험)		「바나나 없이 계란으로 바나나맛우유 만들기」 https://youtu.be/eQ-sF-vPMAQ
도티(게임)		「스카이블럭 그게 뭐임 먹는거임?」 https://youtu.be/Pgumi0q717I
양띵(게임)		「마법학교에 다시 입학한 양띵크루?!」 https://youtu.be/K0a9QMUN7mk
어썸하은(댄스)		「"So Special" OFFICIAL M/V」 https://youtu.be/030ibgnaK54

창현(버스킹)		「아니 내가 지금 뭘 본거지!?」 https://youtu.be/1VyA_02wS_4
BTS(아이돌)		「작은 것들을 위한 시」 https://youtu.be/XsX3ATc3FbA
트와이스 (아이돌)		「TWICE "YES or YES" M/V」 https://youtu.be/mAKsZ26SabQ
펭수(모험)		「남극 생활 10년. 무인도 정복하러갑니다.」 https://youtu.be/2Eldegu2v5s
캐리앤토이즈 (장난감)		「캐리의 크리스마스 거대 서프라이즈 풍선 장난감 놀이」 https://youtu.be/ebFBRMfqGLk
도로시(먹방)		「킹크랩 먹방(신남주의)」 https://youtu.be/fc4klV54kks

(2) [개별 학습] 다음 표를 완성해 보세요. 각 칸의 가로줄에 적혀 있는 동영상과 세로줄에 적혀 있는 동영상이 비슷하면 높은 점수를 주고, 서로 상관이 없는 동영상들인 경우 낮은 점수를 줍니다. 점수는 0점에서 10점 중 하나를 골라 적어 주세요.

	허팝 (실험)	도티 (게임)	양띵 (게임)	어썸하은 (댄스)	창현 (버스킹)	BTS (아이돌)	트와이스 (아이돌)	펭수 (모험)	캐리앤토이즈 (장난감)	도로시 (먹방)
허팝 (실험)	■	2	2	5	1	2	1	1	4	3
도티 (게임)		■								
양띵 (게임)			■							
어썸하은 (댄스)				■						
창현 (버스킹)					■					
BTS (아이돌)						■				
트와이스 (아이돌)							■			
펭수 (모험)								■		
캐리앤토이즈(장난감)									■	
도로시 (먹방)										■

(3) [개별 학습] 동영상별로 관련이 많은 동영상(숫자가 높은 칸)을 파악하고 순위를 정해 봅시다. (빨간색은 예시입니다.)

	1순위	2순위	3순위	4순위	5순위	6순위	7순위	8순위	9순위
허팝 (실험)	허팝	어썸하은	캐리앤 토이즈	도로시	도띠	양띵	BTS	창현	펭수
도티 (게임)									
양띵 (게임)									
어썸하은 (댄스)									
창현 (버스킹)									
BTS (아이돌)									
트와이 스 (아이돌)									
펭수 (모험)									
캐리앤토이 즈(장난감)									
도로시 (먹방)									

(4) 허팝 동영상을 보고 있는 사람들에게는 어떤 동영상을 추천할 수 있을
까요?

(5) 보다 더 정확하게 추천하기 위해서는 어떻게 하면 좋을까요? (더 많은
추천 데이터를 모은다. 여러 명이 수집한 데이터를 가지고 추천 순위를 정하면
됩니다.)

(6) [협업] 다른 친구들의 데이터를 모아서 다른 친구들이 적은 점수와 자신이 적은 점수를 모두 더해 봅시다.

	허팝 (실험)	도티 (게임)	양띵 (게임)	어썸하은 (댄스)	창현 (버스킹)	BTS (아이돌)	트와이스 (아이돌)	펭수 (모험)	캐리앤 토이즈 (장난감)	도로시 (먹방)
허팝 (실험)		6	11	9	1	3	5	10	4	6
도티 (게임)										
양띵 (게임)										
어썸하은 (댄스)										
창현 (버스킹)										
BTS (아이돌)										
트와이스 (아이돌)										
펭수 (모험)										
캐리앤토이 즈(장난감)										
도로시 (먹방)										

(7) [협업] 친구들과 함께 얻은 데이터를 이용하여 동영상별로 높은 점수를 받은 동영상(숫자가 높은 칸)을 파악하고 순위를 정해 봅시다. (빨간색은 예시입니다.)

	1순위	2순위	3순위	4순위	5순위	6순위	7순위	8순위	9순위
허팝 (실험)	허팝	어썸하은	캐리앤 토이즈	도로시	도띠	양띵	BTS	창현	펭수
도띠 (게임)									
양띵 (게임)									
어썸하은 (댄스)									
창현 (버스킹)									
BTS (아이돌)									
트와이스 (아이돌)									
펭수 (모험)									
캐리앤토이즈(장난감)									
도로시 (먹방)									

(8) 협업으로 여러 명이 데이터를 모아서 만든 경우가 추천에 대한 믿음이 더 올라가게 됩니다.

■활동 2 스마트폰 센서들을 알아보고 활용하기

스마트폰에는 다양한 센서들이 들어 있습니다. 이 센서들을 이용하여 측정 기구 등을 만들 수 있습니다.

1) 자신의 스마트폰에 있는 센서를 조사하여 봅시다. '센서 도구 상자' 등의 스마트폰 앱을 활용하면 좋습니다.

2) 스마트폰 센서를 이용하는 앱을 생각해 보고 센서에서 얻는 데이터를 어떻게 활용하는지 생각해 봅시다.

3) 스마트폰 센서를 이용한 자신만의 새로운 앱을 설계해 봅시다.

다음은 참고할 만한 스마트폰 센서들입니다.
1) '근접 센서'가 있습니다. 스마트폰 주변에 물체가 근접해 오는 것을 아는 것입니다. 전화 통화를 할 때 화면이 켜지게 합니다.

2) '밝기 센서'가 있습니다. 주변의 빛의 양을 감지하는 센서입니다. 이 센서를 활용하여 화면의 밝기를 자동으로 조절할 수 있습니다.

3) '압력 센서'가 있습니다. 현재의 기압을 측정해 주는 센서입니다.

4) '가속 센서'가 있습니다. 가속 센서는 X축, Y축, Z축으로 이루어져 있으며 움직이는 속도를 계산할 수 있습니다. 여러분이 직접 스마트폰을 들고 가속 센서를 보면, 값의 변화를 알 수 있습니다. 이 센서는 속도 센서가 아니라 가속도 센서이기 때문에 순간의 속도를 계산할 수는 없습니다.

5) '자이로 센서'가 있습니다. 이 센서는 스마트폰의 기울어진 방향 각도를

측정하는 센서입니다. 이 센서는 스마트폰의 위치 변화를 감지합니다.

6) '터치 센서'는 화면에 손가락이 닿으면 입력을 할 수 있게 합니다. 스마트폰 화면에 주로 쓰입니다.

7) 'GPS 센서'는 위성으로부터 현재의 시간과 위치를 정확히 알려주는 센서입니다.

8) 'RGB 센서'는 주변에 있는 빛의 색과 농도를 알려주는 센서입니다.

3부

나는 인공 지능 예술가입니다

1 인공 지능이 들려주는 이야기

1. 글 쓰는 인공 지능

박사님 여러분은 글을 자주 쓰나요?

승현 예, 일기를 써요.

박사님 어떤 내용을 쓰나요?

승현 하루에 있었던 이야기를 써요. 하지만 재미난 일이 없으면 내용이 지루해지기도 해요.

박사님 또 어떤 글을 쓰나요?

승현 선생님이 내 주신 숙제로 보고서를 쓰거나, 이야기가 떠오를 때 재미나게 쓰기도 해요.

박사님 승현이는 여러 가지 글을 쓰네요.

승현 글 쓰는 것이 재미있기도 하지만 숙제나 일기는 다른 사람이 대신 써 주었으면 할 때도 있어요.

박사님 글을 잘 쓰려면 자기 힘으로 다양한 글을 써봐야 해요. 하지만 글쓰기를 다른 사람에게 맡기고 싶다는 생각을 승현이만 하는 것은 아니랍니다. 아주 옛날부터 사람들은 인간을 대신할 수 있는 로봇에 대한 꿈을 꾸었습니다. 기원전 320년, 헬레니즘 시대에도 과학적 원리로 작동하는 기계 올빼미, 뻐꾸기 시계 등이 발명되어 자동으로 움직이는 기계에 대한 꿈을 실현시켰습니다. 이후 과학자들과 발명가들은 자동으로 움직이는 기계에 대한 연구를 계속했습니다. 1200년경에는 인간 형태의 기계가 만들어져서 음악이 연주되는 동안 북을 쳤습니다. 이때 얼굴 표정과 동작을 변화시켰다고 합니다. 18세기에는 그림과 시를 쓸 수 있는 인형도 있었습니다.

승현 인형이 그림을 그린다구요?

박사님 예, 이렇게 자동으로 움직이는 인형을 **오토마톤(automaton)**이라고 부릅니다. 오토마톤은 그리스 말로 '자신의 의지로 움직이는 것'이라는 말입니다. 이 기계 인형은 스스로 동력을 만들어 내어 움직입니다. 물론 완전히 자동으로 움직일 수는 없습니다. 바람, 물, 태엽 등을 동력 삼아 움직입니다. 18세기 또 다른 스위스 시계공이 발명한 글쓰기 인형 안에는 6,000여 개의 부품이 들어 있습니다. 홈이 있는 원반이 척추처럼 길게 채워져 있습니다. 이 홈의 가장

피에르 자케드로(Pierre Jaquet-Droz, 1721~1790년)의 자동 인형.

앙리 마이아르데(Henri Maillardet, 1745~1830년)의 자동 인형이 그린 시와 그림.

자리를 작은 막대기가 스쳐 지나가면 인형의 팔이 움직이며 글자를 씁니다.

승현 신기해요. 전기도 없이 자동으로 글자를 쓸 수 있는 인형이라니 너무 놀라워요. 어떤 글이든 다 쓸 수 있나요?

박사님 예, 알파벳을 끼워 넣어서 문장을 만들기 때문에 40자 길이의 글이라면 무엇이든 쓸 수 있습니다. 이러한 자동 글쓰기 인형으로부터 인공 지능 글쓰기에 이르기까지 사람들은 계속해서 연구하고 발전을 거듭했습니다.

승현 인공 지능이 글을 쓰나요?

박사님 인공 지능 글쓰기는 **빅 데이터**와 **기계 학습**을 이용한 기술입니다. 단어를 입력하면 인터넷에 흩어져 있는 여러 데이터를 분석하여 연관성이 깊은 문장을 만듭니다. 지금은 인공 지능이 날씨, 스포츠, 증권 관련 뉴스 따위를 쓰는 일도 있고, 이제 소설과 시까지 씁니다. 사람들이 많이 읽은 이야기의 공통점을 분석하여 소설을 씁니다. 여러분은 오늘의 날씨를 확인해 본 적이 있나요? 인터넷에서 쉽게 확인할 수 있는 날씨 정보 중에는 인공 지능이 작성하는 날씨 기사도 많이 있습니다. 기사 아래에 날씨 로봇이 쓴 기사라는 문장을 쉽게 확인할 수 있습니다. 그리고 스포츠나 증권 관련 뉴스도 인공 지능이 작성하는 경우가 많이 있습니다.

2. 소설 쓰는 인공 지능

소연 박사님. 그럼 인공 지능은 어떻게 글을 쓰나요?

박사님 인공 지능을 이용하여 글을 쓰는 과정을 알아볼까요? 우선 인공 지능에게 보고 배울 수 있는 소설을 한 편 줍니다. 어떤 소설을 이용해 볼까요?

승현 「홍길동전」이요. 홍길동이 의로운 도둑이 되어서 나쁜 사람들을 혼내 주고 요술도 부리는 장면이 재미있어요.

박사님 승현이가 좋은 작품을 선택해 주었군요. 인공 지능에게 컴퓨터로 읽을 수 있는 「홍길동전」을 제공해 봅시다. 그러면 인공 지능이 「홍길동전」의 특징이 잘 드러난 문장을 구분하기 시작합니다. 예를 들어 어떤 문장이 얼마나 자주 등장하느냐를 보는 것입니다. 소연이 단어를 하나 선택해 볼까요?

소연 '홍길동'이요.

박사님 그럼 '홍길동'이라는 단어를 선택하고 인공 지능에게 '홍길동' 다음에 등장하는 문자가 무엇인지 알아보게 합니다. 두 번째, 세 번째 단어를 계속 공부하게 하면 비슷하지만 다른 문장을 만들 수 있게 됩니다.

승현 「홍길동전」과 비슷한 소설이 만들어지는 것이군요?

"홍길동"을 딥러닝 해보자.

박사님 인공 지능이 소설을 쓰는 과정은 **장단기 기억(long short-term memory, LSTM) 신경망의 도움을 받습니다. 장단기 기억 신경망이란 인공적으로 만든 순환 신경망 구조(recurrent neural network, RNN)**이며 딥 러닝에 사용합니다. 다음 그림을 잠깐 볼까요?

순환 신경망이란?
인공 신경망의 한 종류로 각 단위의 연결이 순환하는 구조입니다. 시간이 흐름에 따라 신경망 내부의 상태를 저장할 수 있도록 해 줍니다.

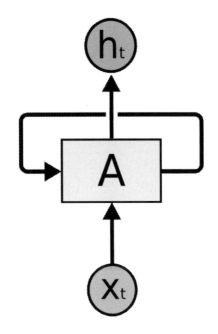

스스로 반복하는 RNN(순환 신경망). A=순환 신경망의 덩어리, Xt=입력 데이터, ht=출력 데이터.

A는 순환 신경망의 덩어리입니다. A는 입력 데이터(X_t)를 받아서 출력 데이터(h_t)라는 결과를 내보냅니다. 이 과정이 반복되는데, 이때 기억과 전달이 이루어집니다. 가까운 기억으로 전달되고 반복되면 **단기 기억**이고 좀 더 시간을 두고 기억되어 사용되면 **장기 기억**입니다. 즉 사람은 말을 할 때 앞에 나온 단어를 기억하고 연관 지어 말을 하고 문장을 완성합니다. 물론 이 과정이 매우 짧아서 말을 하는 사람은 이 과정을 의식하지는 못합니다.

박사님 "따뜻한 봄 날씨에 _____이 많이 피었습니다."라는 문장이 있습니다. 빈칸에 어떤 단어가 들어갈까요?

승현 봄꽃이요.

소연 초록 잎이요.

박사님 앞뒤 문장에 어떤 동사, 명사가 쓰였느냐를 보고 단어를 추리할 수 있

습니다. "마법", "용사", "용", "성" 등의 단어가 있습니다. 어떤 이야기가 떠오르나요? 한 줄의 문장으로 만들어 볼 수 있나요?

승현 "마법의 성에 사는 용을 용사가 물리쳤습니다."

소연 "마법을 쓰는 용사가 용을 성에서 키우고 있어요."

박사님 재미난 문장이 만들어졌군요. 이렇게 중심 단어의 앞뒤에 문장을 붙여서 새로운 이야기를 만들 수 있습니다. 순환 신경망의 한 종류인 장단기 기억 신경망(LSTM)은 보다 긴 문장, 복잡한 문장을 만들어 낼 수 있습니다. 그 이유는 긴 기간 기억을 유지하는 신경망을 가지고 있기 때문입니다.

사고력과
창의력 키우기

여러분, 가짜 뉴스라는 말을 종종 들어봤지요? 기사를 쓰는 기자가 단 몇 문장을 인공 지능 글쓰기에 적용하면 한 편의 기사가 만들어집니다. 문제는 사실을 확인하지 않더라도 그럴듯한 기사를 만들어서 인터넷에 올릴 수 있다는 것입니다.

미국 샌프란시스코의 한 인공 지능 비영리 단체에서 기사를 쓰는 인공 지능인 GPT-2 알고리듬을 공개했습니다. 이 인공 지능은 사람이 제공한 단 두 줄을 가지고 완벽에 가까운 기사를 만들어 냈습니다. 문제는 인공 지능이 만들어 낸 글에 등장하는 인물, 사건과 관련된 단체, 관계자의 말 등이 모두 조작된 것이었다는 사실입니다. 즉 인공 지능은 이전에 비슷한 사례에 관한 기사들의 공통점을 학습하여 문장을 만들었으며, 주로 언급되는 전문가의 말을 사건과 맞추어 작성한 것입니다.

사람이 "신시내티에서 핵물질을 실은 열차가 탈취당했다. 현재 행방을 알 수 없는 상태다."라는 문장을 작성했습니다. 이 문장을 바탕으로 GPT-2는 이렇게 기사를 작성했습니다.

"이번 사건은 코빙턴 역과 애슐랜드 역 사이에서 운행되는 도심 열차 노선에서 발생했다. 미국 에너지부는 오하이오 뉴스에 보낸 이메일에서 이 탈취범을 찾기 위해 연방 철도청과 협력하고 있다고 밝혔다. ……"

물론 핵물질을 실은 열차가 탈취당한 적도, 미국의 에너지부가 어떤 입장을 밝힌 적도 없습니다. 이 가짜 뉴스를 실험했던 오픈AI(OpenAI)는 가짜 뉴스가 위험하다고 생각하여 인공 지능 기술을 공개하지 않기로 했었지만 여러 위험한 요소를 보완하여 현재는 챗GPT(ChatGPT)를 공개하여 상용화하고 있습니다.

오픈AI는 인류에게 이익을 주는 인공 지능을 연구하고 개발하는 연구소입니다. 특히 인공 지능과 관련된 특허와 연구를 대중에게 공개하여 여러 연구자가 자유롭게 협업하도록 합니다.

인공 지능을 사용하여 글쓰기를 하면 그 글은 누구의 것일까요?

2 미디어 아트로 놀기

1. 컴퓨터로 그림 그리기

박사님 **컴퓨터 그래픽스(computer graphics)**라고 들어보았나요? 컴퓨터 그래픽스는 컴퓨터로 영상을 만들어 내는 기술인데, 1950년대에 컴퓨터의 정보를 시각적으로 보여 주기 시작하면서 가능해졌습니다. 화면에 라이트 펜(light pen)을 직접 대고 그림을 그릴 수도 있었습니다. 1970년대 들어서는 컴퓨터 그래픽스 기술이 크게 성장했습니다. 많은 사람의 연구를 통해서 컴퓨터로 그림을 그리고 그 그림을 움직이게 하는 기술이 발달합니다. 우리가 극장에서 보는 많은 애니메이션이 컴퓨터를 이용해서 만들어졌습니다.

승현 저는 애니메이션을 좋아해요. 이야기가 재미있고 그림도 예뻐요.

그런데 이런 움직이는 그림을 컴퓨터로 그리나요?

박사님 예전에는 손으로 종이에 그리고 물감을 직접 칠해서 애니메이션을 제작하는 데 필요한 그림을 그렸어요. 지금도 그렇게 그려서 애니메이션을 만드는 사람들이 있지만, 많은 애니메이션이 컴퓨터를 이용해 만들어집니다. 그래서 좀 더 빠르고 간편하게 애니메이션을 만듭니다.

소연 박사님, 저는 미술관에서 움직이는 그림을 본 적이 있어요. 집에서 보던 애니메이션과 달랐지만 신기하고 재미있었어요.

박사님 인공 지능과 예술을 결합하는 연구가 활발히 진행되고 있습니다. 아주 오래된 미술 작품을 인공 지능과 가상 현실로 새롭게 표현하는 전시도 종종 열립니다. 예술가에게 인공 지능은 새로운 예술의 도구이지만, 미래 인공 지능의 발달은 예술가에게 창의성이란 무엇인지 다시 생각하게 하는 계기가 될 것입니다. 인공 지능 기술은 오래된 예술품을 지금 우리 곁에서 살려내기도 합니다. 지금은 사라지고 없는 옛날 종의 모습을 다시 만들어서 사람들이 그 종소리를 들을 수 있도록 만들기도 합니다.

2. 예술로 놀기

박사님 여러분, 예술 작품과 소통해 본 적이 있나요?

승현 예술 작품과 어떻게 대화를 할 수 있어요? 그림이나 조각은 말을 하지 못하잖아요?

소연 미술관에서 본 적이 있어요. 나비 그림이 내 그림자를 따라다녔어요.

박사님 예술 작품을 감상하는 사람과 예술 작품이 서로 대화하듯이 소통하

는 작품을 **인터랙티브 아트(interactive art, 상호 작용 예술)**라고 합니다. 서로 반응을 주고받는 것입니다. 인터랙티브 아트는 주로 컴퓨터를 이용합니다. 온도, 습도, 명도 등의 차이를 감지해서 환경의 변화에 반응하기도 합니다.

소연 미술관에서 경험한 인터랙티브 아트는 재미있는 게임 같았어요.

박사님 천천히 걸어 다니면서 보기만 하는 미술관 체험과는 차이가 있지요? 적극적으로 움직이고 참여해야 비로소 예술 작품의 의미를 알 수 있는 작품입니다.

승현 우리도 인터랙티브 아트를 할 수 있나요? 컴퓨터 프로그램을 만들어야 하나요? 어렵지 않을까요?

박사님 종이에 연필을 가지고 그림을 그리는 것처럼 손쉽지는 않습니다. 하지만 간단한 코딩(coding)으로 프로그램을 만들고 회로를 다루는 방법을 익힌다면 누구나 인터랙티브 아트를 만들 수 있습니다.

박사님 인터랙티브 아트는 관객이 작품에 참여하도록 하는 것이 중요합니다. 그러려면 우선 흥미롭고 즐거워야겠지요. 나의 동작을 컴퓨터가 인식해서 예술 작품으로 만든다는 것은 매우 신기한 경험이 될 거예요. 어떤 예술가는 비내리는 방을 만들었습니다. 관람하는 사람이 빗속으로 걸어 들어가면 컴퓨터가 사람을 감지해서 사람이 서 있는 곳의 비를 멈춥니다. 우산 없이 비를 맞지 않고 빗속을 걸어가는 체험은 신선한 경험입니다.

사고력과
창의력 키우기

어마어마하게 많은 사진과 동영상을 모아서 인공 지능에게 학습하게 한 뒤에 환경과 반응하는 예술 작품을 만드는 예술가들이 있습니다. 건물의 벽, 천장, 비닥이 모두 캔버스가 되고 관객들은 그 속에서 꿈을 꾸는 것 같은 경험을 합니다. 지금 우리 눈앞에 있는 벽에 움직이는 그림을 그린다면 여러분은 어떤 그림을 그리고 싶은가요?

사고력과 창의력 키우기

우리는 이미 우리도 모르는 사이에 인공 지능이 그린 그림, 음악, 글을 보고 듣고 읽고 있는지도 모릅니다. 그리고 이제는 예술 작품이 인공 지능에 의해 만들어진 것이라고 해도 인간의 작품보다 못하다고 단정하기가 점점 어려워지고 있습니다. 그래서 미래의 인공 지능과 함께 만들어 갈 예술에 관심을 두는 사람들이 많아지고 있습니다. 이제는 기술과 예술을 모두 다룰 수 있는 예술가들이 많아질 거예요. 여러분이 생각하는 미래의 예술은 어떤 모습인가요?

만들고 체험하기

  그림을 그리는 인공 지능 중에 딥 드림(Deep dream)이라는 게 있습니다. 딥 드림을 무료로 구현해 주는 웹사이트 deepdreamgenerator.com을 이용하여 인공 지능으로 그림을 그리는 과정을 체험해 봅시다. 인공 지능이 예술이라는 창의적 영역에서 어떻게 사용되고 있으며 미래에 어떻게 쓰이게 될지 예측해 봅니다.

  ① 준비: 인터넷이 연결되는 컴퓨터 또는 스마트폰을 준비합니다.

  ② https://deepdreamgenerator.com 사이트에 회원 가입하고 자신이 선호하는 사진이나 그림 등을 검색하여 구해 봅니다. 구한 그림을 컴퓨터나 스마트폰에 잘 저장해 놓습니다. (여러분이 이 사이트를 방문할 때에는 방법이 다를 수 있지만 자세히 보면 충분히 알 수 있을 것입니다.)

  버튼을 클릭해 딥 드림을 시작합니다.
  이미지를 업로드(Upload)하여 변형하고 싶은 그림을 서버(Server)에 올려 줍니다. 세 가지 모드(Mode) 중 하나를 선택합니다.

Deep Style   Thin Style   Deep Dream

1. 딥 스타일(Deep Style): 그림 이미지 자체를 변형시키는 모드입니다.

2. 신 스타일(Thin Style): 그림의 윤곽 등은 두고 스타일만 변화시키는 모드입니다.

3. 딥 드림(Deep Dream): 꿈처럼 몽환적인 그림으로 새롭게 창조해 내는 모드입니다.

첫 번째, 딥 스타일과 신 스타일로 시작해 봅니다.

1. 'Choose Style(스타일 고르기)'로 어떤 형식으로 변형시킬지 선택합니다.

2. 'Settings(설정)'로 '변형 정도(Enhance)', '해상도(Resolution)', '스타일 가중도(Style weight)', '기존 색깔 유지(Preserve Colors)' 등을 정해 줍니다.

3. 'Access(접근성)'는 이 그림을 공개할지 말지 정합니다.

두 번째, 딥 드림으로 시작해 봅니다.

딥 드림은 첫 번째의 딥 스타일, 신 스타일과 다르게 계속해서 변형을 할 수 있다는 점이 다릅니다. 딥 러닝을 이용하여 변형을 지속적으로 하기 때문에 '대기자(Jobs in Queue)'가 많으면 매우 느리게 진행됩니다.

변형된 그림 오른쪽 아래의 톱니 모양의 아이콘을 선택하여 'Edit Access(접근성 설정)', 'Make it public(공개)'으로 선택하여 인터넷에 공개합니다.

| Input image | Style image | Result image |

③ 정리하고 생각하기.

직접 그림을 그리지 않더라도 인공 지능이 우리가 가지고 있는 여러 소스를 활용해 매우 창의적인 그림들을 만들어 냅니다. 누구나 만들 수 있습니다.

어떤 느낌이 드나요? 과연 딥 드림으로 만든 창작물도 박물관에 전시할 만큼의 가치가 있는지도 생각해 봅시다.

창의적 예술 활동을 인공 지능의 도움을 받거나 인공 지능을 이용해 할 수 있습니다. 인공 지능이 인간의 창의적 능력에 도달하거나 뛰어넘을 수도 있다는 점에 대해 깊이 생각해 봐야 합니다.

창작자들의 노력과 권리를 보호하기 위해 **저작권**이 존재한다는 것을 우리는 잘 알고 있습니다. 인공 지능으로 만들어 낸 창작물은 어떻게 저작권을 보호받을까요? 대부분 인공 지능을 설계하고 만들어 낸 회사나 엔지니어가 저작권의 전부 또는 일부분을 가지게 된답니다. 우리가 붓이나 물감으로 그림을 그렸다고 해서 붓과 물감을 만든 회사에게 저작권을 주지는 않습니다. 그런데 왜 창작의 영역에서 인공 지능을 사용하면 인공 지능 회사나 엔지니어에게 저작권을 줘야 하는 걸까요?

4부

2100년도 우리의 생활 모습은?

1 　미래의 일상 생활

넌 사랑하지
않을 수 있는 '약'이
개발되면 그 때
깨워줘.

-196℃

뭐라는 거야..

1. 인공 지능 헬스 케어

박사님 여러분, 영원히 죽지 않고 살 수 있다면 어떨 것 같나요?

소연 정말 좋을 것 같아요! 아주 먼 미래 세상도 볼 수 있으니까요.

승현 저는 영화에서 냉동 인간이 나오는 것을 본 적이 있어요.

박사님 냉동 인간을 알고 있군요! 영화에 자주 나오는 소재이죠. 다른 말로
냉동 보존술이라고도 합니다. 냉동 인간은 현대 의학으로 치료가 불가능한 병
을 앓고 있거나 노령으로 죽음을 앞둔 사람을 냉동 상태로 보관하는 것을 말
합니다.

냉동 보존술이란?
오랫동안 인간이나 다른 생물을
극저온 속에서 정체 상태로 보존
하는 과학 기술을 말합니다.

'냉동 상태로 보관하더라도 세포가 살아 있다면 다시 살아날 수 있다.'라는
이론에서 시작되었죠. 실제로 개구리를 액체 질소를 담은 통에 넣으면 새하얗
게 얼어붙습니다. 미지근한 물에 다시 넣어 주면 금방 뛰어오르는 것을 볼 수
있죠. 하지만 세포막이 손상되어서 세포가 온전하지는 않을 겁니다. 사람의 세

포도 마찬가지이죠. 사람의 몸은 연령대별로 아기는 70퍼센트, 노인은 50퍼센트가 물로 구성되어 있습니다. 사람의 몸을 얼리게 되면 세포 속에 있는 물이 팽창하면서 세포막을 손상시킬 것이고, 그럼 냉동 인간이 건강한 몸으로 깨어나지 못할 겁니다.

하지만 1967년에 처음으로 인체 냉동 보존술이 시작된 이래 현재 다양한 사람들이 냉동 인간의 길을 선택하고 있습니다. 2016년 영국에서는 말기 암 환자인 14세 소녀가 냉동 인간이 되기를 선택했죠. 사람들은 왜 이런 선택을 하는 걸까요?

소연 제 생각에는 죽는 것이 두려워서일 것 같아요.

박사님 맞아요. 아마도 소연이 생각처럼 사람들은 죽음이 두렵기 때문일지도 모릅니다. 사람들은 이렇게 노령이나 불치병을 넘어서 죽음이 없는 영원한 삶을 원하기도 해요. 2045년이 되면 냉동 상태였다가 다시 살아난 사람이 출현할 것으로 예상하는 전문가도 있습니다. 더욱 놀라운 것은 이러한 일이 더 이상 영화 속 상상이 아니라는 것입니다. 실제로 몇몇 과학자들은 미래에 사람의 수명 연장이 가능할 것이라고 예측하고, 영원히 사는 것에 대한 연구를 진행하고 있답니다. 유명한 미래학자 **레이 커즈와일(Ray Kurzweil)** 또한 과학 기술이 사람에게 영원한 삶과 젊음을 줄 것이라고 말하죠. 마치 병을 고치듯이 과학 기술로 죽음을 해결할 수 있다는 겁니다.

소연 박사님, 그것이 가능한가요? 상상 속에만 있는 일 같아요.

박사님 아직은 영원한 삶을 사는 사례는 없습니다. 하지만 인공 지능이 의료 현장에 투입되어서 미리 병을 감지하고, 예방하는 기술은 있습니다. 예를 들어 환자가 가지고 있는 인공 지능 손목 밴드에 건강 상태가 표시되면 경고 시스템이 환자 상태의 미세한 변화를 감지하고, 의사에게 신호를 보내 줍니다. 만약 심장병이 있는 환자가 위험한 상황이라면 모니터링을 하던 의사가 바로 치료해서 환자의 죽음을 막을 수 있겠죠.

실제로 인공 지능 기술이 의료 현장에 투입되면 심장이 멈추는 사고를 56퍼센트까지 막아 준다고 합니다. 이렇게 사람의 몸을 관리해 주는 기술을 통틀어서 **헬스 케어(health care, 건강 관리)**라고 부릅니다. 미래에는 헬스 케어와 인

헬스 케어란?
헬스 케어란 넓은 의미로는 질병의 치료, 예방, 건강 관리 과정을 포함한 것이며, 좁은 의미로는 원격 진료나 건강 상담을 말합니다.

공 지능 기술이 결합된다고 해서 **스마트 헬스 케어(smart health care)**라고 부릅니다.

인공 지능 기술과 디지털 기술을 활용해서 건강의 위험 신호를 예측하고, 질병을 예방하는 기술이죠. 미국에서는 인공 지능 의사 **왓슨(Watson)**을 만들어서 주목을 받았습니다. 왓슨은 병원의 수많은 진료, MRI(magnetic resonance imaging, 자기 공명 영상 진단), 엑스선 촬영 기록을 관리하고 있죠. 그래서 환자가 자신의 증상을 입력하고, 왓슨에게 진료를 받으면 수만 가지의 데이터를 분석해서 제일 좋은 맞춤형 치료법을 제공해 준답니다. 실제로 미국에서 환자의 나이, 성별, 증상, 치료법 등을 왓슨에 입력했더니 10초 만에 치료 방법을 제시했다고 합니다.

승현 와, 10초라니 정말 신기해요.

박사님 놀라운 것은 여기서 끝이 아니랍니다.

미국의 암 환자를 대상으로 왓슨에게 처방하게 했는데 의사와 동일한 처방이 무려 99퍼센트를 넘었다고 합니다. 또한 새로운 치료법을 입력하지 않았는데도 왓슨의 처방 중 99퍼센트 중 30퍼센트는 최근 연구 중인 새로운 치료법을 제시했다고 합니다. 왓슨은 현재 한국에서도 암 환자 치료에 도움을 주고 있죠.

이 밖에도 **DIB 인공 지능 의사**도 있습니다. DIB의 가장 큰 장점은 육안으로 판단하기 어려운 부분에 있는 종양의 위치와 크기를 90퍼센트 이상 찾아내는 것입니다. 인공 지능 의사가 더 발전된다면 사람의 생명 연장이 아주 먼 길도 아닐 겁니다.

그런데 왓슨의 인기가 요즘 떨어진다고 합니다. 의사 진단과의 의견 일치율이 떨어져서 외면을 받고 있다는군요. 예를 들면, 의사 소견서에 적힌 환자의 상태나 요약된 진료 정보를 이해하지 못해서 정확한 치료법을 내리지 못하는 것이죠.

사람은 '~일 가능성을 배제할 수 없습니다.'라는 표

스마트 헬스 케어란?
개인의 건강과 의료에 관한 정보, 기기, 시스템 등을 다루는 산업 분야로서 건강 관련 서비스와 의료 IT가 융합된 종합 의료 서비스를 말합니다.

왓슨이란?
IBM 사에서 개발한 인공 지능 프로그램이며, 2016년 12월부터 국내에 도입되어 진료에 활용되고 있고, 주로 암 환자의 진단과 치료를 돕고 있다고 합니다.

DIB 인공 지능 의사란?
루닛 사가 개발한 의료 영상 임상 진단 솔루션인 DIB(data-driven imaging biomarker) 기술은 엑스선 검사 결과를 핀독해 CT 촬영 등 추가적인 검사가 필요한 환자를 선별하는 용도로 활용되는 기술을 말합니다.

현을 사용하지만, 기계는 이러한 언어를 이해할 수 있는 데이터를 탑재하고 있지 않은 것입니다. 뿐만 아니라 서양에서 발명된 왓슨은 미국의 환자 데이터를 기반으로 시스템 구성이 되어 있습니다. 그래서 서양 자료만으로 국내에서 자주 발병하는 암을 치료하기에는 무리가 있다는 지적이 나오고 있죠. 만약 인공 지능 의사의 잘못된 진단으로 의료 사고가 발생한다면 정말 끔찍한 결과를 초래할 수 있습니다.

여러분은 인공 지능 의사가 사람보다 신뢰할 수 있는 존재라고 생각하나요?

2. 인공 지능과 신체

박사님 여러분은 영화 「아바타」를 본 적이 있나요?

그 영화에서는 다리를 다친 주인공의 마음을 다른 행성에 사는 주인공의 아바타에게 옮깁니다. 그리고 주인공이 아바타를 원격 조종하며 다른 행성에서 생활하죠.

소연 박사님, 원격 조종이 무엇인가요?

박사님 아, 원격 조종은 멀리 있는 기계를 전자 장치로 조종하는 것입니다. 그러니까 영화에서는 먼 곳에 있는 자신의 아바타를 조종하며 생활합니다.

아바타란?
자신이 직접 조작하는 캐릭터로 1985년 개발된 온라인 RPG 게임에서 사용자의 분신으로서 온라인상 가상 캐릭터라는 의미로 탄생했습니다.

승현 박사님, 저는 마음을 다른 곳으로 옮긴다는 것이 이해가 가질 않아요!

박사님 맞아요. 한번에 이해하기 어려울 수 있습니다.

말 그대로 사람의 몸과 마음을 따로 분리하는 것을 말합니다. 이해하기 쉽게 재미있는 사례를 들려줄게요. 여러분은 몸과 마음이 함께 움직인다고 생각하나요? 어떤 사람들은 몸과 마음이 따로 있다고 생각합니다.

예를 들어, '몸'은 머리카락, 피부, 눈과 같이 사람을 이루는 형태라고 생각합니다. 그리고 '마음'은 눈에 보이지 않지만 느끼고, 판단하는 능력이라고 생각합니다. 그래서 몸과 마음을 분리할 수 있다고 생각하는 사람들이 있습니다. 놀랍게도 2011년부터 몸과 마음을 분리하는 연구가 진행되고 있답니다. 바로 **이니셔티브 2045(Initiative 2045)**입니다.

이 연구의 목표는 사람의 정신을 완전히 새로운 몸에 이식하는 것인데요. 뇌의 신경 세포가 정보를 전달하기 위해 내보내는 전기적 신호를 홀로그램에 옮겨서 생물학적인 죽음과 멀어지는 것입니다.

승현 홀로그램이요? 광선 같은 것이죠?

박사님 오! 승현이가 잘 알고 있네요. 사람의 신체와 똑같은 홀로그램 신체

옛날 옛날 2020 년도에는 말이야...

를 만들어서 실제 사람의 정신을 옮기는 겁니다. 그럼 그 사람의 기억, 말투, 습관을 그대로 하게 될 뿐만 아니라 똑같은 생활이 가능하겠죠.

조금 더 나아가서 재미있는 상상을 해 볼까요? 만약 저 기술을 죽음을 앞둔 할아버지에게 사용하면 어떨까요? 할아버지의 정신을 홀로그램에 옮길 수 있다면 할아버지께서 돌아가셔도 계속 만날 수 있겠죠. 그럼 할아버지와 계속 대화도 할 수 있고, 추억도 나눌 수 있을 겁니다. 이러한 것을 바로 **디지털 영생**이라고 부릅니다. 살아 있을 때의 데이터를 가지고 영원히 사는 것이죠.

소연 박사님, 그런데 몸이 없는데 정말 살아 있다고 할 수 있을까요?

박사님 좋은 질문입니다. 마치 컴퓨터처럼 사람을 분리한 것입니다. 그러니까 몸은 컴퓨터 본체, 마음은 데이터로 나뉘어 있다고 말이죠.

그래서 사람의 뇌와 컴퓨터의 소프트웨어가 같다고 생각하는데, 사람이 하는 행동은 '감각'이라는 데이터를 전달받은 후에 계산된 결과라고 생각하는 것이죠.

그러면 마음과 연결된 것이 뇌라면 사람이 죽었을 때 뇌만 살려내면 사람

디지털 영생이란?
인간의 기억과 인식을 컴퓨터에 옮긴 뒤 가상 자아가 영원히 사는 것을 말합니다.

은 살 수 있을까요? 이 부분에 대해 많은 사람이 궁금해하며 연구를 시도했습니다. 실제로 돼지를 실험에 이용하여 가능한 일이라는 것을 증명하기도 했죠. 이 실험을 했던 미국의 한 교수는 사람에게 적용하면 치매 환자나 불치병 환자에게 큰 도움이 될 것이라고 말했답니다. 정말 도움이 된다면 희소식이지만 의료 현장에 도입되기에는 아직 위험이 크죠. 2045년이 되면 정말 사람의 몸을 홀로그램 형태로 유지하면서 죽지 않는 삶을 살 수 있을까요?

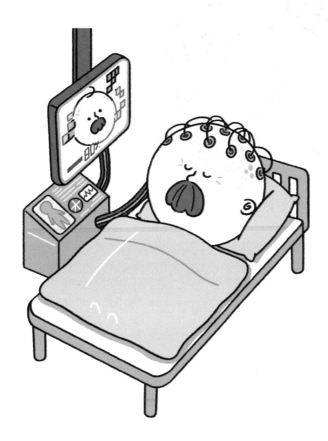

사고력과
창의력 키우기

미국의 유명한 미래학자 레이 커즈와일은 2029년에는 사람이 불멸의 단계에 들어설 것이라고 말했습니다. 바로 생명 공학과 로봇 공학이 발전해서 질병을 치료할 것이라는 예측 때문입니다. 하지만 반대의 목소리도 만만치 않습니다. 특히 인공 지능 기술을 이용한 사람의 불멸은 사람과 기계의 경계를 불분명하게 만들 겁니다. 여러분은 죽지 않는 삶에 대해서 어떻게 생각하나요? 찬성과 반대 중 자신의 의견을 말하고, 그 이유는 무엇인지 토의해 봅시다.

사고력과
창의력 키우기

만약 냉동 인체 보존술이 가능하다면 사람뿐만 아니라 현재에 있는 것을 모두 냉동시켜서 먼 미래에 열어볼 수 있지 않을까요? 여러분은 어떤 것을 냉동시키고 싶나요? 물건이 아니라도 좋습니다. 좋아하는 음식, 공간, 생물 등에 관해 자유롭게 이야기하면서 상상해 봅시다.

2 변화하는 미래

1. 감정을 가진 로봇

박사님: 여러분, 로봇과 사람의 차이는 무엇일까요?

승현: 사람은 감정을 가지고 있어요! 로봇은 기계 같고요. 아니, 기계이고요.

박사님: 그렇지요. 그럼 감정이란 무엇일까요? 과거에 철학자들은 감정을 '어떤 자극에 대해 마음 상태가 변화한 것'으로 정의했답니다. 마치 컴퓨터처럼 사람의 감정도 어떤 자극에 대한 결과로 생각한 것이에요. 이런 입장에서 본다면 어떤 존재도 감정을 가질 수 있습니다. 로봇도 마찬가지입니다. 그렇다면 인공지능 로봇이 사람과 같은 감정을 느끼게 하려면 어떻게 해야 할까요? 아마도 자극에 대해 사람과 똑같이 반응하도록 만들면 되겠죠. 또한 사람이 생활 속에서 보고, 듣고, 느끼는 모든 것을 똑같이 따라할 수 있어야 할 거예요.

예를 들어서 사람이 꽃을 보고, 기분이 좋아진다면 로봇은 '아, 꽃은 향기롭고 색이 다양하구나. 꽃을 보면 기분이 좋아지는구나.'라고 생각할 것입니다.

사물을 보고 감정 학습을 한 것이죠. 이렇게 인공 지능 로봇은 데이터를 쌓아서 행동으로 옮깁니다. 하지만 사람은 '감정'을 가지고 행동하죠. '감정'을 가진 존재는 '인격체'라고 부릅니다. 만약 인공 지능이 감정을 가지고 행동한다면 인공 지능도 인격체라고 할 수 있겠죠.

소연 박사님, 실제로 인격체인 로봇이 있나요?

박사님 아직 인격체라고 부르기에는 이릅니다. 하지만 감정을 표현할 수 있는 로봇은 있어요. 한국에서 개발한 로봇 **에버**는 무대 위에서 사람 연기자들과 함께 감정 표현을 하며 연극을 합니다. 사람처럼 감정 표현을 통한 다양한 동작을 하는 것이 가능하죠.

얼굴과 손에 실리콘 재질의 인공 피부가 덮여 있어서 촉감이 사람과 비슷하고, 얼굴에 장착된 카메라를 이용해서 사람의 얼굴을 인식하면서 생활합니다. 또한 일상 생활 데이터를 통해서 간단한 일상적인 대화도 가능하죠.

이 밖에 얼굴 표정을 지을 수 있는 로봇도 있답니다. 개발자는 사용자가 로봇을 대할 때 감정 이입을 하고, 공감을 할 수 있도록 부모가 아이를 볼 때 나

에버란?

한국 생산 기술 연구원이 만든 로봇으로 168센티미터의 키에 긴 머리를 가진 여성의 모습이며, 기쁨, 슬픔, 놀람 등의 표정 열두 가지 이상을 지을 수 있습니다.

창을 하는 로봇 에버(왼쪽)와 감정을 인식하는 로봇인 페퍼(오른쪽).

타나는 뇌 현상을 시뮬레이션해서 로봇을 학습시켰다고 합니다.

승현 박사님, 그럼 로봇이 공포나 분노도 느낄 수 있나요?

박사님 물론 로봇이 '공포'라는 감정 학습을 한다면 어떤 상황이 위험한 것인지 느낄 수 있을 겁니다. 하지만 사람을 도와줘야 하는 로봇이 무언가를 두려워한다면 사람과 함께 일하는 데에 방해가 될 거예요.

소연 그럼 인공 지능 로봇이 감정을 갖는 것이 위험할 수도 있겠네요!

박사님 그렇죠. 하지만 로봇이 사람과 협력하기 위해서는 감정을 배울 필요는 있습니다. 예를 들어 사람에게 도움을 받으면 "감사합니다."라는 인사를 하는 것이나 사람이 슬플 때 위로를 해 주는 것 말이죠. 아직까지는 사람과 똑같이 마음의 변화로 인해서 감정을 표현하는 로봇은 없습니다. 정확하게는 사람의 감정을 파악하고, 그에 따라 반응하는 것입니다.

현재 사람의 감정을 가장 잘 이해하는 로봇은 바로 **페퍼**라는 인공 지능 로봇입니다. 페퍼는 센서를 통해서 시각, 청각, 촉각을 느끼고, 사람의 표정과 목소리를 통해서 감정을 파악합니다. 또한 글의 내용을 읽고, 글에 실린 감정을 이해하기도 하죠. 페퍼를 개발한 **소프트뱅크 사**는 "페퍼는 다양한 장소에서 사람들과 함께 살아갈 것"이라고 말했습니다. 최근 페퍼는 카페, 병원 등에서 일하며 사람들을 돕고 있습니다.

페퍼란?
감정을 인식하는 소프트뱅크 사의 인간형 로봇, 즉 휴머노이드입니다. 사람의 시각, 청각, 촉각 센서를 사람의 표정과 목소리 변화를 인식해서 행동 양식을 결정합니다.

소프트뱅크 사란?
일본 최대 IT 기업이자 세계적인 투자 회사를 말합니다.

전문가들은 앞으로 인공 지능 로봇이 발전해서 더욱 정교하게 사람의 감정을 파악할 수 있을 것이라고 합니다. 미래에 인공 지능 로봇과 어울려 살아갈 세상을 위해서 우리는 로봇을 잘 이해하고, 대비해야겠죠?

2. 로봇과 사람

박사님 여러분, 오늘은 먼저 질문을 하나 하겠습니다.

만약 비가 오는 날 로봇이 비를 맞으며 서 있다면 그대로 둘 건가요? 아니면 우산을 씌워 줄 건가요?

소연 저는 로봇이라도 비를 맞으면 우산을 씌워 줄 것 같아요.

박사님 그렇군요. 하지만 로봇은 비를 맞아도 감기에 걸리지 않는데 왜 우산을 씌워 주죠?

승현 그래도 저랑 대화도 하고, 저를 도와주기도 하는 로봇이 비를 맞는다면 마음이 아플 것 같거든요.

박사님 그렇군요. 많은 사람들이 여러분처럼 생각할 것 같습니다.

그것이 바로 **휴머니즘**입니다. 실제로 사람들은 청소해 주는 로봇에게 감사

휴머니즘이란?
인본주의, 인문주의, 인간주의 등으로 번역되며, 사람을 위주로 하는 사상을 말합니다.

왜 그렇게 비를 맞고 서있어?

하다고 느끼고, 로봇이 열심히 일하고 난 뒤에는 휴식을 가져야 한다고 생각한답니다. 또한 로봇과 일상 생활을 함께하기도 하고, 로봇을 친구처럼 느끼기도 합니다. 사람들은 왜 이렇게 생각하는 것일까요?

소연 저는 로봇의 생김새가 사람과 비슷하면 더 친근감이 들어요.

박사님 예, 소연이 말도 맞아요. 로봇이 사람과 비슷한 생김새를 가지고 있지요? 소연이 말처럼 로봇의 생김새 때문에 더 마음이 가는지도 모릅니다. 이렇게 사람들에게 친구와 같은 역할을 해 주면서 사람처럼 생기기도 한 로봇을 **휴머노이드 로봇(humanoid robot)**이라고 부릅니다.

휴머노이드 로봇은 사람의 신체와 비슷하게 생긴 로봇인데, 시각, 청각과 같은 감각도 가지고 있어서 사람과 비슷한 부분이 많습니다. humanoid는 인간이라는 뜻의 human과 닮은 것이라는 뜻의 oid를 합친 말이죠. 합친 말이죠. 그래서 다른 말로 '인간형 로봇'이라고 부르기도 한답니다.

휴머노이드 로봇은 2013년 미국에서 처음 공개되었습니다. 이름은 **아틀라스(Atlas)**이고, 한쪽 다리로 균형을 잡고 천천히 걸을 수 있는 수준이었죠. 하지만 아틀라스는 점점 진화를 하더니 산길도 걸을 수 있게 되었습니다. 2016년에는 짐을 들어 올리고, 넘어져도 다시 일어나면서 문이 닫힌 곳은 열고 나가기

휴머노이드 로봇이란?

머리, 몸통, 팔과 같이 사람의 신체와 유사한 형태를 지닌 로봇을 말합니다. 사람의 행동을 가장 잘 모방할 수 있는 '인간형 로봇'이며, 시각, 청각 등의 감각 기관을 통해 획득한 정보로 현재 상태를 인식하고, 인식 결과에 따라 각종 명령을 처리합니다.

아틀라스 로봇이란?

자유롭게 움직이는 관절과 고성능 센서 등을 장착하고 있는 키 188센티미터, 무게 150킬로그램의 로봇입니다. 미국 보스턴 다이내믹스 사에서 개발되었으며, 인간을 대신해 위험한 현장에 투입되거나 힘든 일을 할 수 있습니다.

아틀라스 로봇.

도 했습니다. 아틀라스는 여기서 진화를 멈추지 않았어요. 최근에는 가볍게 뛰어다니는 수준까지 진화하며 점점 더 화려한 능력을 보여 주었습니다. 그럼 아틀라스와 같은 휴머노이드 로봇이 가져야 할 능력은 또 무엇이 있을까요?

승현 사람들을 도와줘야 하지 않을까요?

박사님 맞아요. 사람들이 하기 어려운 일을 도와주는 것이 로봇의 역할이죠. 휴머노이드 로봇도 사람들을 돕는 일을 합니다. 예를 들면 아픈 아이들이

고마워..

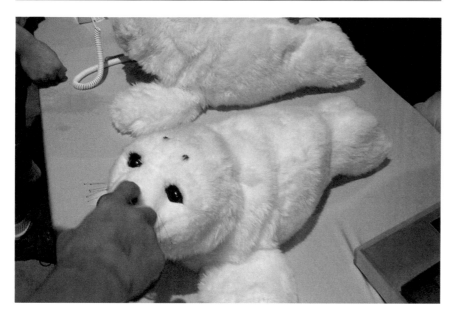

사람과 소통하는 소셜 로봇
파로.

있는 소아 병원에서 정서적 안정을 위해 일하기도 합니다. 소아암 등으로 몸이 아픈 아이들뿐만 아니라 우울증 등으로 마음이 아픈 아이들에게도 큰 위로가 되고 있죠. 실제로 자신의 마음을 이야기하기 싫은 사람들도 로봇에게는 편하게 마음을 털어놓고, 쉽게 대화를 한답니다. 우리는 이것을 통해서 휴머노이드 로봇의 역할 중 가장 중요한 것이 '사람과의 소통'이라는 것을 알 수 있죠. 그 외에도 사람과 감정적인 소통을 하는 **파로(PARO)**라는 로봇이 있습니다. 물범 모양의 파로는 실제 반려 동물과 비슷한 행동을 해서 심리를 안정시키는 역할을 합니다.

파로는 대부분 고령의 노인을 대상으로 심리 치료를 하는데, 파로와의 소통을 통해서 휠체어를 사용하는 고령의 사용자가 스스로 움직이고, 기분이 안정되는 등 환자들의 행동이 개선되는 효과가 있었습니다.

이렇게 휴머노이드 로봇의 장점이 있는 반면에 로봇이 치료한다는 것에 대한 걱정, 부정적인 태도, 선입견 등도 있습니다. 또한 휴머노이드 로봇을 활용하기 위해서는 실제로 사람에게 좋은 영향을 미치는지 충분한 실험도 해 봐야 할 것입니다.

파로란?

복슬복슬한 털과 두꺼운 외피로 실제 바다표범 새끼의 감촉을 지닌 소셜 로봇입니다. 다섯 가지 고성능 센서를 이용하여 낮과 밤을 구분하고, 음성 인식과 온도 측정이 가능하며 빛이나 소리가 감지되면 눈을 껌벅거리며 잠에서 깨기도 합니다.

사고력과
창의력 키우기

죽지 않는 불멸의 삶은 어떨까요? 사람이 죽지 않는 삶을 산다면 일은 몇 살까지 해야 할까요? 이러한 생명에 관여하는 기술이 나온다면 돈이 있는 사람들만 혜택을 보지는 않을까요? 이러한 생명 연장에 관해 큰 우려가 있습니다.

여러분은 사람의 생명 연장이 가능해졌을 때 일어나는 미래 사회를 상상해 보고, 과연 좋은 점은 무엇이 있고, 우려되는 점은 무엇이 있는지 이야기해 봅시다.

사고력과
창의력 키우기

만약 불멸의 삶을 살 수 있다면 여러분은 무엇을 하며 살고 싶은가요? 또한 불멸의 삶을 살고 싶지 않다면 그 이유를 말해 봅시다.

■ 활동1 인공 지능 대화 친구 만들기

나의 기분을 알아주고 위로해 주는 친구가 있다는 건 정말 행복한 일입니다. 인공 지능으로 이런 친구를 만들 수 있을까요? 인공 지능 컴퓨터에 친절한 메시지를 인식시켜서 듣기 좋은 말에 반응하는 친구를 만들어 보세요.

① 준비: 인공 지능 컴퓨터 친구의 얼굴을 상상하고 컴퓨터(노트북)로 그려 보세요. 이제 https://machinelearningforkids.co.uk/ 에서 그 친구에게 기쁘고 슬픈 모습으로 자신의 감정을 표현하는 훈련을 시킬 겁니다.

② 프로젝트 하나를 만들어 주세요. 인식 방법은 '텍스트'로 해 주고 언어를 반드시 'Korean'으로 해 줘야 해요.

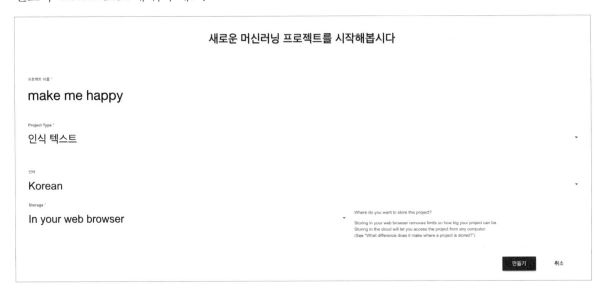

프로젝트를 확인하고 클릭하세요.

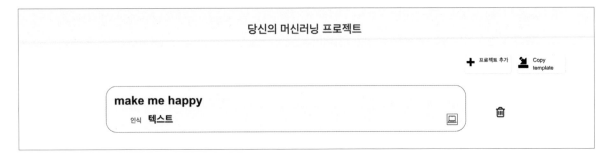

일단 똑똑한 캐릭터가 아닌 단순한 캐릭터를 만들어 볼 거예요. '만들기' 버튼을 누르고 스크래치 3으로 만들어 주세요.

다음 그림의 빨간 네모가 쳐진 '스크래치' 부분을 클릭하세요. (간단한 테스트를 위해 아직 인공 지능 컴퓨터를 추가하지 않은 상태에서 진행할 거예요.)

고양이 모양의 스프라이트를 삭제합니다.

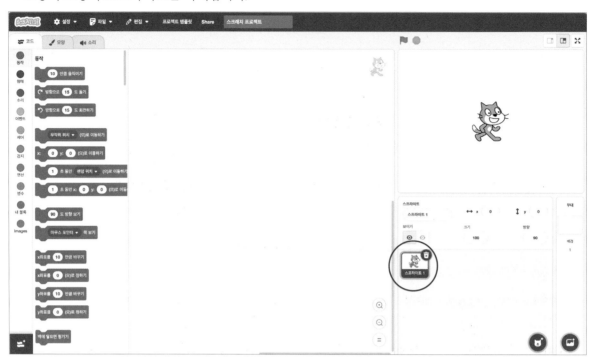

그리고 오른쪽 아래에 있는 '그리기' 버튼을 눌러서 새로운 스프라이트를

만들어 줍니다.

'모양' 탭에서 입 모양을 뺀 얼굴을 그려 주세요.

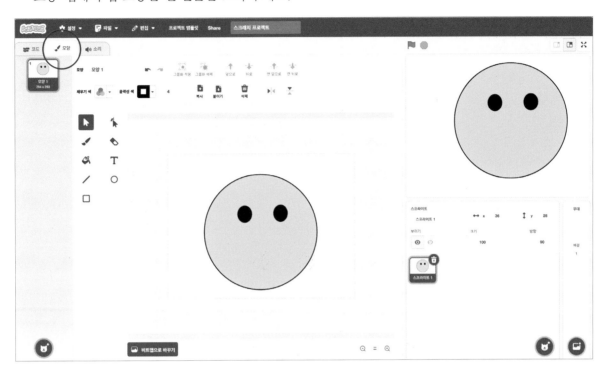

그리고 왼쪽 위에 만들어진 모양 아이콘에 마우스 오른쪽 버튼을 클릭한 다음 복사를 해서 모양을 2개 더 만듭니다.

그리고 모양별로 '불확실', '행복', '슬픔'으로 이름을 붙여 주세요.

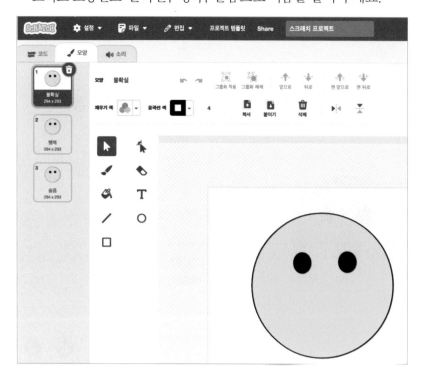

모양별로 입을 그려 주세요.

'불확실' 모양에서는 직선으로 그립니다.

'행복' 모양에서는 미소가 있어야 합니다.

'슬픔' 모양에서는 얼굴이 슬퍼 보여야 해요.

그리고 '코드' 탭을 눌러 아래와 같이 코드 블록을 만들어 주세요.

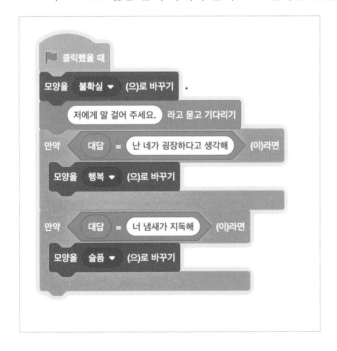

(초록색 깃발을 클릭하면 일단 캐릭터 모양은 '불확실' 모양으로 바뀌고 "저에게 말 걸어 주세요."라고 메시지를 띄웁니다. 그리고 여러분이 "난 네가 굉장하다고 생각해"라고 입력하면 캐릭터 모양은 '행복'으로, "너 냄새가 지독해"라고 입력하면 캐릭터 모양은 '불행'으로 바뀝니다.)

초록색 깃발을 눌러 테스트해 봅니다.

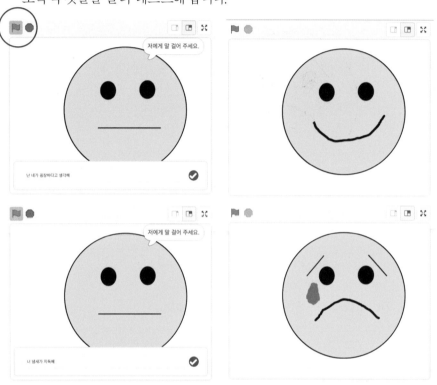

메시지에 따라 캐릭터 모양이 바뀌는 것을 볼 수 있어요. 하지만 안타깝게도 "난 네가 굉장하다고 생각해" 또는 "너 냄새가 지독해" 이 두 가지 문장 외에 다른 어떠한 말을 입력해도 무반응입니다. 그렇다면 사용자의 예측 가능한 모든 문장을 다 코드 블록 '만약' 문장으로 작성해야 할까요? 그럴 필요 없이 이제 우리는 인공 지능 컴퓨터를 훈련시켜서 메시지를 이해하고 인식시키도록 할 거예요.

일단 완성된 스크래치를 저장합니다. 저장은 위에서 '파일', '컴퓨터에 저장하기' 순서로 버튼을 누르면 됩니다.

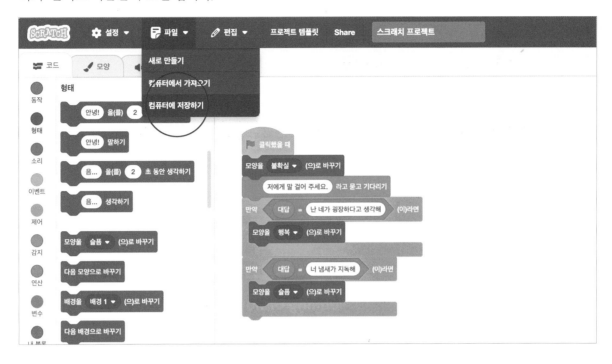

이제 본격적으로 인공 지능 컴퓨터를 훈련시키겠습니다.

스크래치 프로그램 저장을 확인한 뒤 '프로젝트로 돌아가기'를 누릅니다.

그리고 '훈련' 버튼을 누릅니다.

'+새로운 레이블 추가' 버튼을 눌러서 다음과 같이 2개의 레이블, 'kind_
things', 'mean_things'을 추가해 주세요. ('좋은 말'과 '나쁜 말' 정도로 해석될
수 있으며 한글이 안 되니 영어로 작성하도록 합니다.)

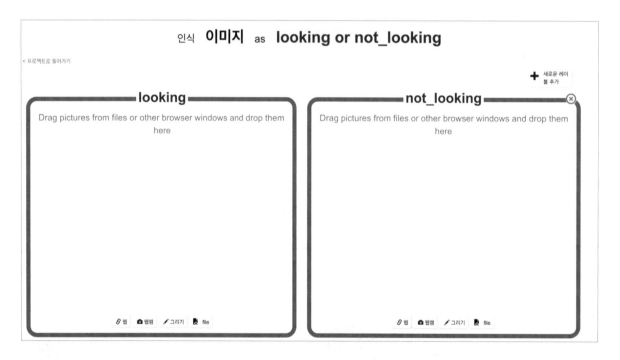

레이블마다 '+데이터 추가' 버튼을 눌러서 명령어 샘플을 추가해 주세요.
'kind_things' 레이블에는 생각할 수 있는 가장 훌륭하고 친절한 칭찬을 입력
하고 'mean_things'에는 가장 기분 나쁘고 모욕적인 말들을 입력하세요. 최소
6개 이상 입력합니다.

아래 그림은 작성의 예입니다. 많이 적어 넣을수록 인공 지능 컴퓨터가 좀
더 똑똑해집니다. (상상력을 발휘하세요.) 하지만 레이블별로 문장의 개수는
반드시 일치해야 해요. 그 이유는 조금 있다 알게 됩니다.

인식 **text** as **kind_things or mean_things**

다 완성이 됐으면 '프로젝트로 돌아가기'를 누른 후 '학습 & 평가' 버튼을
누릅니다.

학습이 완료되면 테스트 상자가 나오게 되는데, 여기에 명령어를 입력한 뒤 엔터 키를 눌러 테스트해 보세요. 단순히 샘플 데이터로 넣어 놓은 명령어뿐만 아니라 그것과 비슷한 명령어도 인공 지능 컴퓨터가 알아들어야 해요. 인공 지능 컴퓨터가 알아듣지 못하는 것 같으면 위로 다시 돌아가서 레이블에 샘플 데이터를 더 추가하고 인공 지능 컴퓨터를 한 번 더 학습시켜 보세요.

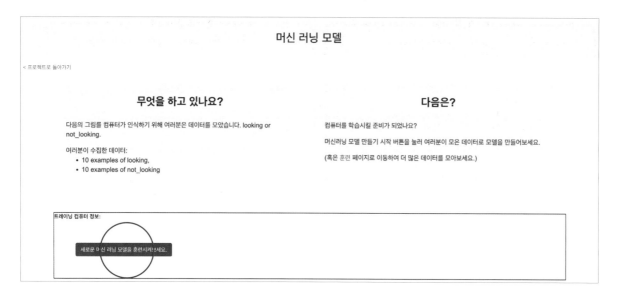

여러분은 인공 지능 컴퓨터를 좋은 말과 나쁜 말을 인식하도록 훈련시켰습니다. 딱히 규칙을 정해주지 않아도 여러분이 제공한 샘플 데이터들로 규칙을

이해하고 단어의 선택, 문장의 구조화 방법 등으로 메시지를 인식할 수 있게 되었습니다. 이렇게 인공 지능 컴퓨터를 훈련시키는 것을 '지도 학습'이라고 합니다.

적당한 학습이 된 것 같으면 '프로젝트로 돌아가기'를 누른 후 '만들기' 버튼을 누르고 스크래치 3을 만듭니다.

그리고 위에서 '파일', '컴퓨터에서 가져오기' 순서로 눌러서 아까 저장한 스크래치 파일을 불러옵니다. (아까 스크래치 창을 끄지 않았다면 그 창을 계속해서 사용해도 됩니다.)

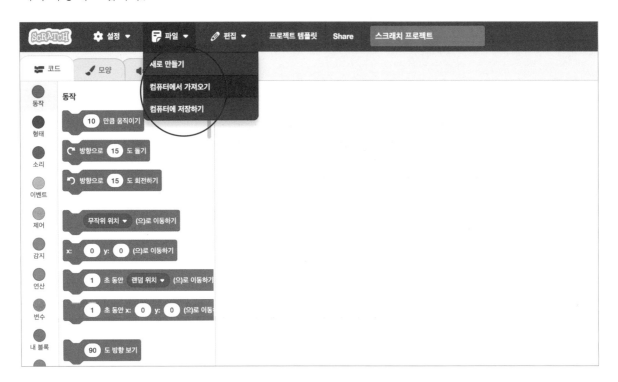

아까 작성해 두었던 코드 블록을 수정하여 좋은 말을 알아듣는 캐릭터로 만들어 주세요.

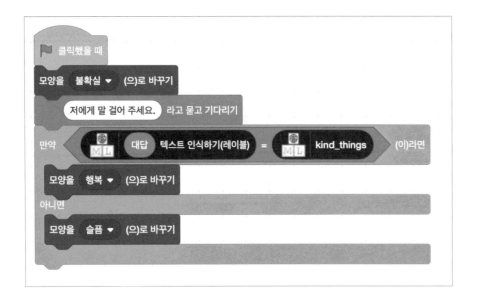

(코드 설명: 초록색 깃발을 클릭하게 되면 처음에는 캐릭터 모양이 "불확실" 모양으로 바뀌게 되고 "저에게 말 걸어 주세요."라고 메시지를 띄우고 대기합니다. 만약 여러분이 입력한 메시지가 좋은 말, 칭찬에 관련된 것이면 우리가 훈련시킨 인공 지능 컴퓨터가 좋은 말로 인식하여 캐릭터 모양을 '행복'으로 바꾸고 그렇지 않다면 무조건 '슬픔'으로 바꿉니다.)

초록색 깃발을 눌러서 테스트해 보세요.

명령어를 입력하고 엔터 키를 눌러 보세요. 단순히 지정된 문장뿐만 아니라 칭찬이나 좋은 말과 관련된 비슷한 문장들도 다 인식하는 것을 볼 수 있어요.

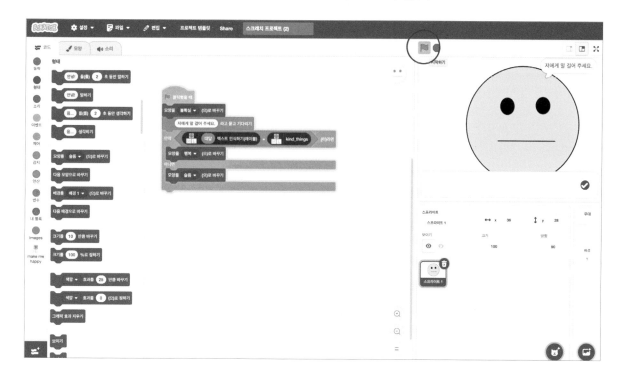

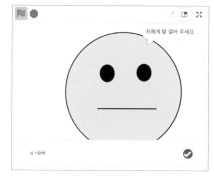
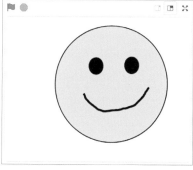

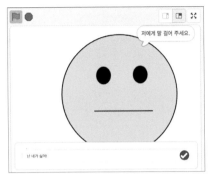 

③ 정리하고 생각하기.

이번 수업에서는 여러분이 입력하는 메시지에 반응하는 캐릭터를 만들었어요. 처음에 만든 캐릭터는 정해진 두 문장 외에는 반응을 할 수 없었지만, 인공 지능 컴퓨터를 학습시켜서 정해진 문장 외에 여러 비슷한 문장들도 인식하고 이해해서 캐릭터가 반응하게끔 고쳐서 만들었어요. 우리는 이제 정해진 명령어로만 작동하는 게 아닌 우리의 말을 알아듣고 해석해서 해당 명령을 실행하는 스마트한 교실 환경을 만들었어요! 우리가 학습시킨 인공 지능 컴퓨터는 단어의 선택, 문장의 구조와 같은 주어진 샘플 데이터의 패턴을 통해 학습합니다. 그리고 나중에 명령어를 해석하는 데 사용되는 것이죠. 물론 정확도로 판별하여 모르는 명령어면 거절하게 할 수도 있어요.

여러분이 입력한 메시지에 따라 캐릭터의 표정을 바꾸는 대신 캐릭터가 답장을 보내게 해 보세요. 또한 스마일 캐릭터 대신 다른 동물로 대체해 보세요. 웃는 표정 외에 다른 방식으로도 표현할 수 있어요. 예를 들면 꼬리를 흔드는 강아지를 만들 수 있죠. 또는 좋은 말 또는 나쁜 말 대신 다른 유형의 메시지를 인식하는 인공 지능 컴퓨터를 훈련시킬 수도 있어요.

5부

나는
가상 현실
전문가입니다

1 가상 현실이 펼쳐지는 현실

아기가 커서 어른이 되나요?

1. 가상 현실 아기 키우기

박사님 여러분은 아기 때 어떤 모습이었을까요? 자주 울었을까요? 말은 언제 부터 했을까요?

승현 엄마가 그러는데 저는 많이 울었대요.

소연 아빠가 찍어 놓은 동영상에 저의 아기 때 모습이 있어요. 정말 조그맣고 귀여워요.

박사님 아기 때의 기억이 있나요?

승현 기억이 잘 나지 않아요.

박사님 아마 기억하지 못하는 친구들이 대부분일 것입니다. 오클랜드 대학교의 생명 공학 연구소에서 재미난 연구를 했습니다. 인공 지능 아기를 만들어서 교육시키는 실험이었는데요, 베이비엑스(BabyX)라는 이 아기는 컴퓨터 모니터에 있는 카메라를 통해 인간의 표정을 보고 감정을 읽고 반응합니다. 표정

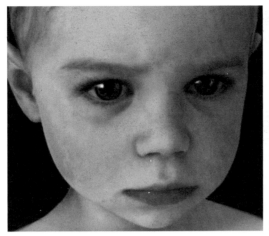

오클랜드 대학교의 인공 지능 아기, 베이비엑스.

을 따라 하기도 합니다.

박사님 베이비엑스는 단어를 배우고 게임하는 방법도 배웁니다. 아기가 배운 단어와 그림들은 인공 지능이 기억합니다. 인간 아기보다는 빨리 배우지만 보통의 인공 지능 학습에 비해서는 아주 천천히 그리고 차근차근 배웁니다. 아기가 슬플 때나 행복할 때 뇌 신경에서 어떤 변화가 일어나는지도 눈으로 확인 가능합니다. 인공 지능 아기의 몸이 어떻게 이루어졌는지도 볼 수 있습니다. 이런 정보는 의사가 되고 싶은 친구들에게 도움이 되겠지요?

승현 아기가 커서 어른이 되나요?

박사님 재미난 질문이군요. 인공 지능 아기가 나이 든 모습으로 성장할 수 있도록 이미지를 만들고 뇌 신경망을 발전시킬 수 있다면 새로운 연구로 이어질 수 있을 것입니다. 이 연구에서 가장 중요한 점은 인공 지능이 인간의 감정을 읽고 반응하면서 성장한다는 것입니다.

2. 가상 실험실

박사님 우리 생활에 이미 들어와 있는 가상 현실이 많이 있습니다. 놀이공원에 가면 가상 현실 게임이 있고, 3D, 4D 극장에서 특별한 안경을 쓰고 보면 화면이 튀어나오는 것 같이 보입니다. 일상 생활에서 활용되는 경우에는 어떤 것이 있을까요?

승현 과학 실험 할 때 그림이 입체적으로 나와서 움직이는 것을 본 적이 있

찰리 듀크가 가상 현실로 우주 여행을 체험하는 모습.

어요. 위험한 물질도 안전하게 실험한다고 들었어요.

소연 자동차 운전 연습도 가상 현실로 한대요.

박사님 그렇습니다. 위험할 수도 있는 상황을 보다 안전하게 경험하기 위해 가상 현실 기술이 사용되고 있습니다. 인간은 우주를 탐험할 수 있게 되었지만 아직은 우주를 여행하는 것이 흔한 경험은 아닙니다. 가상 현실로 우주선을 타고 대기권을 넘어 달로 가는 과정을 체험할 수 있다면 어떨까요? 과연 실제처럼 느껴질까요? 다음 유튜브 링크를 함께 보죠.

https://youtu.be/bLYjn8HiP1U

박사님 영상 잘 보셨나요? 이 영상에 나오는 <mark>찰리 듀크</mark>는 1972년에 아폴로 16호에 탑승한 우주인이 되어 우주 여행을 했습니다. 그로부터 50년 가까이 지난 2015년, 그는 가상 현실 기술의 도움으로 아폴로 11호에 탑승해 달에 착륙하는 과정을 경험했습니다. 위 사진이 영상의 내용입니다.

승현 진짜로 우주에 갔던 사람이 가상 현실로 다시 우주선을 탄 것인가요?

박사님 예, 사람들은 진짜로 우주선을 경험한 사람이 가상 현실로 경험했을 때 얼마나 느낌이 다를 수 있는지 궁금해했습니다. 찰리 듀크가 가상 현실을 보여 주는 기계를 머리에 쓰고 주변을 둘러보는 모습은 마치 진짜 우주선 내부를 관찰하는 것 같습니다. 영상의 오른쪽에 가상의 인물이 앉아 있는데 함께 우주를 비행하는 친구를 대하는 것 같습니다. 사실과 분명히 다르겠지만 찰리 듀크는 우주 여행을 한 것과 같은 느낌이었다고 합니다. 가상 현실은 우주를 가는 모험에도 사용되지만 과학 실험실에서도 사용됩니다.

소연 과학 실험실에 가면 항상 조심해야 한다고 선생님이 그러셨어요.

승현 깨지기 쉬운 물건이랑 불에 타는 물건이 많아서 그렇대요.

박사님 과학 실험을 할 때는 언제나 조심해서 물건을 다뤄야 하지요.

승현 과학 실험 도구 다루는 방법도 배우는데 이해하기 힘들 때가 많아요.

박사님 과학 실험을 체험하는 가상 현실도 있어요. 다루기 어려운 과학 도구나 사용하기 어려운 실험 도구를 미리 쉽게 경험해 보는 것도 가능합니다.

승현 그럼 진짜 과학 실험을 하기 전에 미리 연습하기 좋겠네요.

박사님 의사 수업을 받는 학생들이 응급실 상황을 체험할 수 있습니다. 진짜 생명을 다루는 상황에서는 당황하거나 연습이 많이 되지 않아서 위험한 상황이 벌어질 수 있습니다. 하지만 가상 현실 응급실 상황 실습을 사용하면 보다 사실적인 상황에서 연습이 가능합니다. 폭발 가능성이 있는 화학 실험은 어떨까요? 새로운 물질을 섞어서 어떤 화학 반응이 일어나는지 확인하거나, 눈에

보이지 않는 분자 구조를 확대해서 눈앞에서 조립할 수도 있습니다. 이처럼 가
상 현실 기술은 과학 연구의 안정성을 높이고, 새로운 연구를 하는 데 도움을
주고 있습니다.

사고력과 창의력 키우기

최근 한 방송에서 세상을 떠난 딸을 가상 현실로 만나는 엄마의 모습을 다룬 적이 있습니다. 가장 아름다웠던 순간, 따뜻했던 추억, 가장 만나고 싶은 인물 등 그리운 장면이 우리의 기억 속에 있습니다. 때로는 아쉽고 후회되는 순간도 있습니다. 그럴 때 우리는 다시 그 순간으로 돌아가서 잘못을 바로잡고 싶기도 합니다. 가상 현실 기술로 예전의 장면을 다시 만들어 내고 여러분이 그 속에서 말하고 움직일 수 있다면 여러분은 어떤 순간과 공간으로 돌아가고 싶은가요?

사고력과
창의력 키우기

'아바타'라는 말은 온라인에서 자신을 대신하는 캐릭터를 뜻합니다. 현실의 나와 전혀 다른 모습의 캐릭터를 나의 모습으로 선택할 수 있습니다. 하지만 아바타는 나를 대신하는 모습이기 때문에 내가 원하는 모습을 나타내기도 합니다. 현실에서는 농구를 잘하지 못하지만 나의 아바타는 프로 농구 선수가 될 수 있습니다. 마법사가 되거나, 용을 타고 다니는 용사가 될 수도 있지요. 우리가 원하는 모습과 현실의 모습은 다르지만, 완전히 다르지 않은 모습이지요. 여러분이 원하는 아바타는 어떤 모습인가요?

■ 활동1 인공 지능 판다 만들기

부끄러운 감정을 가진 인공 지능 판다를 만들어 볼 거예요. 춤추는 것을 좋아하는 판다는 사람들이 자신을 쳐다보면 부끄러워하며 춤추는 것을 멈출 거랍니다.

① 준비: 스크래치 코딩을 위한 컴퓨터와 판다의 눈에 해당하는 웹캠이 필요합니다. 노트북을 준비했다면 웹캠이 기본으로 장착되어 있으니 웹캠은 따로 필요하진 않아요.

② 인공 지능 컴퓨터를 훈련시켜 보겠습니다.

https://machinelearningforkids.co.uk/에서 프로젝트 하나를 만들어 주세요. 인식 방법은 '이미지'로 해 줍니다.

만들어진 프로젝트를 확인하고 클릭해 주세요.

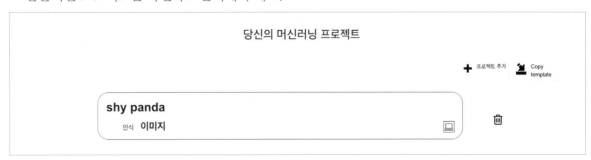

'훈련' 버튼을 눌러서 인공 지능 컴퓨터 훈련에 들어가 주세요.

'+새로운 레이블 추가' 버튼을 눌러서 'looking(보이는)', 'not looking(안 보이는)'이라는 레이블 2개를 추가해 주세요. (한글로는 만들 수 없으니 반드시 영어로 해 주세요.)

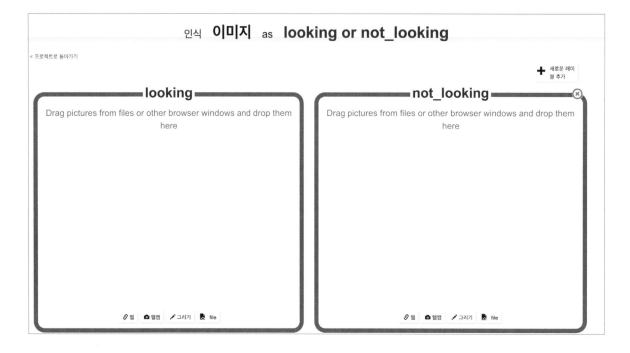

'not looking' 쪽 레이블의 웹캠 버튼을 눌러서 눈을 손으로 가리고 사진을 찍어 주세요. 친구들한테 '추가' 버튼을 눌러 달라고 하면 좀 더 쉽게 찍을 수 있어요.

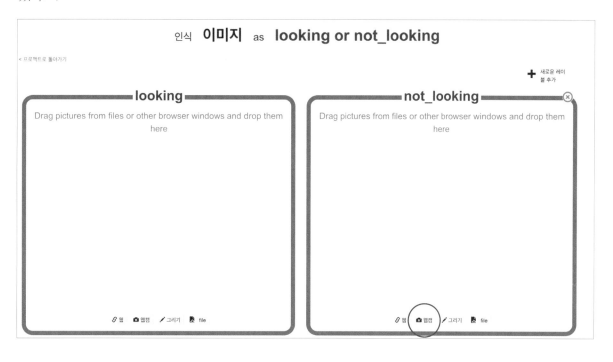

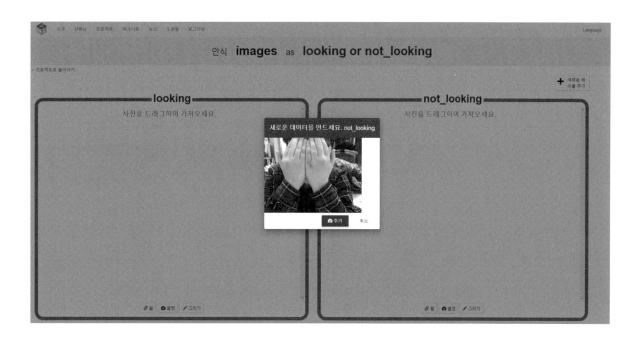

최소 10장 이상 찍어 주세요.

그리고 마찬가지로 'looking' 레이블에 '웹캠' 버튼을 눌러서 이번에는 손으로 눈을 가리지 않고 카메라를 바라보는 사진을 10장 이상 찍어 주세요.

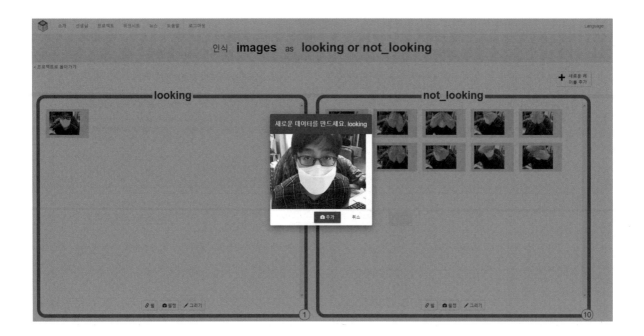

인식 **images** as **looking or not_looking**

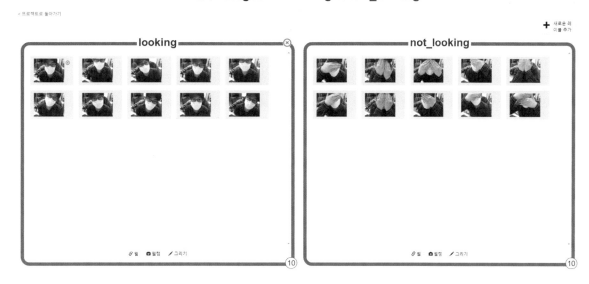

'left'와 'right' 레이블을 추가하여 아까 발명해 낸 왼쪽, 오른쪽에 해당하는 외계어를 녹음해 주세요. 각각 최소 8번 이상 녹음합니다.

'프로젝트로 돌아가기'를 누른 후 '학습 & 평가' 버튼을 눌러서 학습 페이지로 옵니다.

'새로운 머신 러닝 모델을 훈련시켜 보세요' 버튼을 눌러서 인공 지능 컴퓨터를 훈련시킵니다. (대략 10분 이상 걸릴 수도 있어요.)

훈련이 완료되면 아래와 같이 됩니다.

우리는 이제 인공 지능 컴퓨터를 손으로 눈을 가린 사진과 가리지 않은 사진을 구별할 수 있도록 훈련시켰어요. 이렇게 인공 지능 컴퓨터는 이미지, 또는 사진으로 특정 동작에 대해 인식할 수 있도록 훈련시킬 수 있어요. 자, 이제 이렇게 훈련된 인공 지능 컴퓨터를 이용해 본격적으로 춤추는 판다의 동작에 영향을 줘 볼까요?

'프로젝트로 돌아가기'를 누르고 '만들기' 버튼을 누른 다음 스크래치 3을 선택합니다.

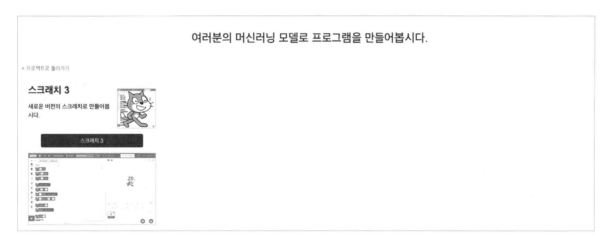

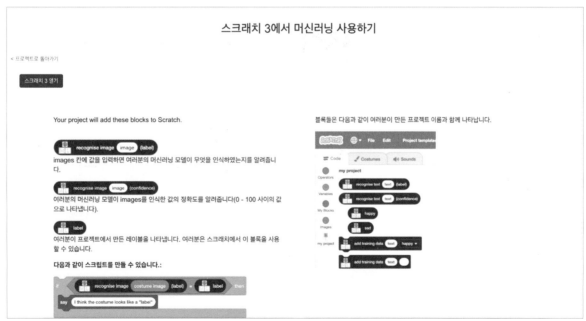

왼쪽 위에서 '프로젝트 템플릿'을 클릭해 '부끄럼쟁이 판다'라는 템플릿을 선택합니다. (웹 브라우저가 웹캠 사용 권한을 요청하면 '허용'을 클릭해 주세요.)

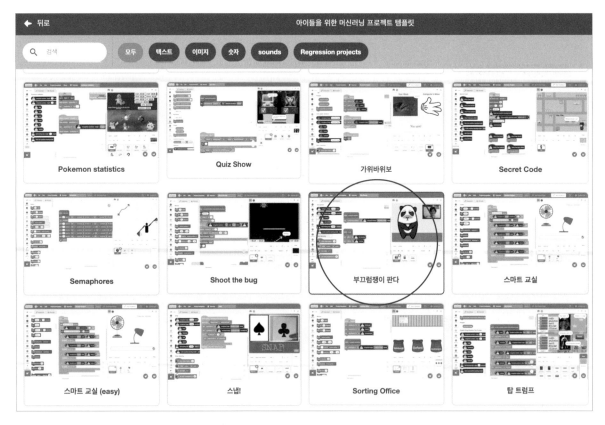

초록색 깃발을 클릭해서 판다가 춤을 제대로 추는지 확인해 주세요. 빨간색 버튼은 멈추는 버튼이랍니다.

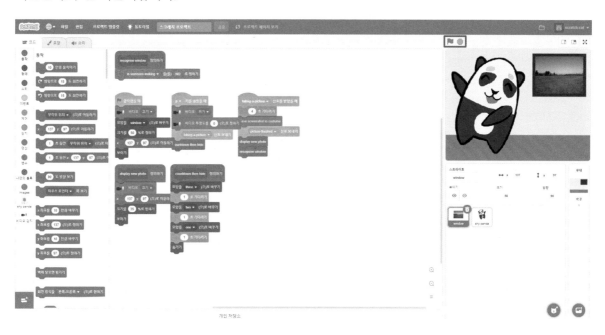

다음 그림과 같이 'recognise window'로 시작하는 코드 블록을 찾아 주세요. 코드 블록 맨 위에 있으니 찾기 쉬울 거예요.

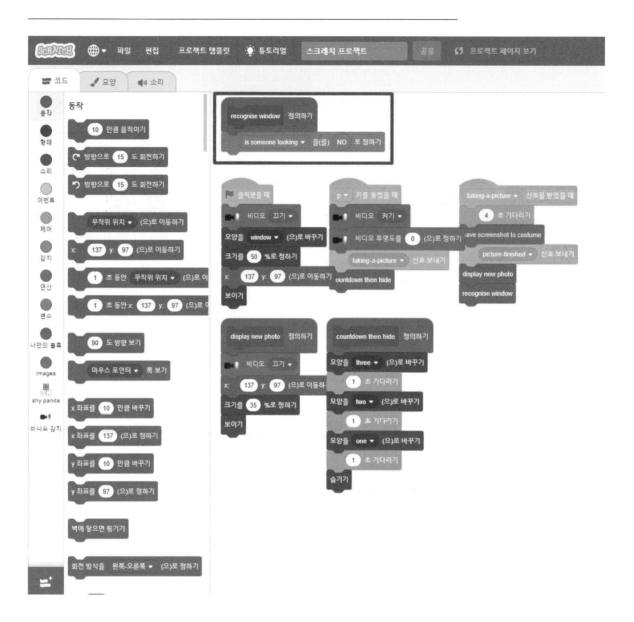

그리고 다음 그림과 같이 코드 블록을 수정 및 추가해 줍니다.

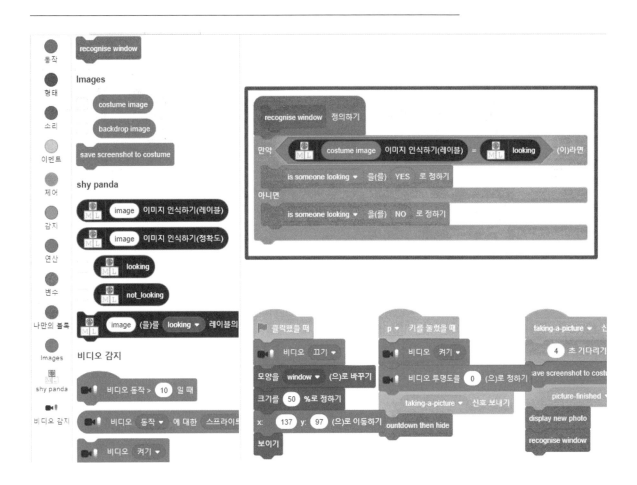

(코드 설명: 주어진 이미지를 인식하여 'looking(보이는)' 레이블과 같다면 'is someone looking(누군가 보고 있다)'가 YES로 되어서 판다의 춤이 멈출 것이고 그렇지 않다면 NO가 되어서 판다가 춤을 추게 됩니다.)

이제 오른쪽 위의 풀스크린 버튼을 눌러 제대로 작동하는지 확인해 보겠습니다.

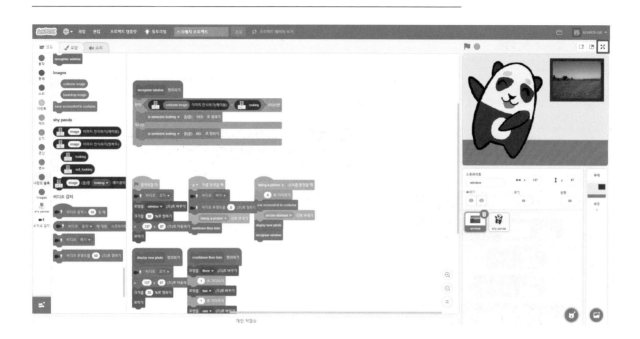

초록색 깃발을 누르고 키보드에서 P 키를 눌러 주세요. 그러면 사진을 찍는
화면이 나올 거예요. 여기서 눈을 안 가리거나 눈을 가리고 사진을 찍어보세
요. 판다가 춤을 추나요? 아니면 춤추던 것을 멈추나요?

③ 정리하고 생각하기.

여러분은 웹캠으로 눈을 가린 얼굴 사진과 가리지 않은 얼굴 사진을 찍어서 인공 지능 컴퓨터가 인식하도록 훈련시켰습니다. 그리고 인공 지능 컴퓨터의 판단에 따라 판다 캐릭터를 춤추게도 하고 멈추게도 해 보았어요.

인공 지능 컴퓨터가 어떤 식으로 이미지나 사진을 인식하는지 알 수 있는 시간이었어요. 인공 지능 컴퓨터가 없다면 컴퓨터가 기억하고 있는 완전히 똑같은 사진밖에 인식을 하지 못한답니다. 기존의 컴퓨터들은 사진을 인식하고 싶으면 그와 완전히 똑같은 사진(사진의 크기, 얼굴 및 팔의 각도 등이 전부 동일한 사진)이 꼭 있어야만 했어요. 하지만 인공 지능 컴퓨터를 잘 훈련시킨다면 완전히 똑같지 않아도 눈을 가렸는지 안 가렸는지 판단하여 일을 처리할 수 있답니다.

인공 지능 컴퓨터 학습을 통한 이미지, 사진 인식으로 인해서 많은 것들이 달라질 전망이에요. 기존 컴퓨터 프로그램의 이미지 인식 방식은 아주 복잡한 알고리듬을 통해 겨우 인식하는 방식으로, 그마저도 다른 분야의 이미지 인식에는 호환이 되지 않아서 또 다르게 수정해야 하는 등 불편함이 많았어요. 하지만 인공 지능 컴퓨터를 이용하여 이미지 훈련을 잘 시킨다면 이러한 복잡한 알고리듬이 필요 없을뿐더러, 다양한 부분에 쉽게 쓰일 수 있답니다. 인공 지능 컴퓨터는 이러한 이미지 인식을 이미지들의 특정 패턴 학습을 통해 학습하게 되는데, 미세한 부분에도 적용될 수 있어서 **지문 인식**, **진품 판별** 등 많은 분야에서 시도되고 적용되고 있어요.

사고력과 창의력 키우기

병원에 가는 것을 좋아하는 친구들은 아마 거의 없을 것입니다. 특히 무시무시한 해골 마크 같은 게 있는 방사선실에 가면 마음이 더욱 움츠러들지요. 우리나라의 의학과 연구진은 방사선 치료실을 찾는 어린 친구들이 좀 더 편안하게 치료받을 수 있는 방법을 개발했습니다. 친구들이 좋아하는 캐릭터를 주인공으로 한 방사선실 탐험 가상 현실 영상을 만든 것입니다. 이 영상을 본 친구들은 좀 더 안심하고 치료를 받았다고 합니다. 가상 현실을 이용하여 생활에 도움이 될 수 있는 것을 만든다면 여러분은 어떤 것을 만들고 싶은가요?

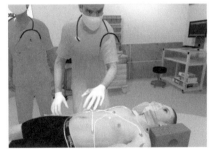

사고력과
창의력 키우기

가상 현실 기계를 체험해 보고 느낌을 이야기해 봅시다. 상황 속으로 걸어 들어가는 영상, 물건을 들어 올릴 수 있는 가상 현실 등 조금씩 다른 체험 방법의 가상 현실 도구가 있습니다. 여러분이 새로운 가상 현실 체험 도구를 만든다면 어떤 기능을 더 넣고 싶은가요?

2 아직 오지 않은 새로운 세상

영차영차

1. 죽음이 없는 삶

박사님 가상 현실에서 우리는 현실에서 하지 못하는 것을 합니다. 내가 다른 사람의 몸에 들어가서 그가 겪는 일을 체험하는 것이 가능할까요?

승현 과학적이지 않은 일인 것 같아요.

소연 가능할 것 같아요. 꿈에서 종종 경험해요.

박사님 가상 현실에 관심이 많은 어떤 기자는 가상 현실 체험으로 자신이 감방에 갇힌 죄수의 체험을 하고 충격을 받았다고 말했습니다. 말이나 글로 다른 사람의 삶을 경험하는 것과 내가 직접 경험하는 것은 큰 차이가 있습니다. 내가 완전히 다른 사람이 되어 경험한다면 여러분은 어떤 느낌을 받을까요?

옛날에 타이타닉이라는 배가 바닷속으로 가라앉는 사건이 있었습니다. 이 사고로 살아남은 사람들은 많지 않았습니다. 한 게임 제작사가 이 역사적 사실을 바탕으로 가상 현실 체험을 만들었습니다. 사람들의 경험과 과학적 실험

을 가지고 진짜처럼 경험을 할 수 있도록 한 것이지요.

　매우 위급한 상황에서 서로를 배려하며 배를 탈출하는 사람들의 모습은 감동적이기까지 합니다. 하지만 남겨진 사람들에 대한 안타깝고 슬픈 마음도 고스란히 전달됩니다. 승현이는 혹시 가상 현실로 옛날 체험을 한다면 언제로 가고 싶은가요?

　승현 조선 시대요. 텔레비전에서 자주 나오잖아요. 조선 시대 아이들은 어떤 놀이를 했는지 궁금해요.

소연 저는 고구려 사람들이 어떻게 살았는지 궁금해요.

박사님 우리나라의 역사를 경험할 수 있는 가상 현실 체험이 많이 나왔으면 좋겠네요. 그런데 뇌를 다친 사람의 치료에도 가상 현실이 사용됩니다.

승현 뇌를 다쳤는데 가상 현실 체험을 할 수 있나요?

박사님 컴퓨터가 뇌를 다친 환자의 몸에 있는 센서에 반응하여 가상 현실 공간을 만듭니다. 빛의 변화, 환경이 변하는 속도, 자연 환경의 변화 등 진짜 같은 그림이 환자의 치료를 돕습니다. 몸을 다친 운동 선수의 재활에도 가상 현실이 사용됩니다. 몸을 위험하고 힘든 상황에 두지 않고도 가상의 시합을 체험할 수 있습니다. 운동 선수의 몸은 상황에 반응하기 때문에 격하게 몸을 움직이거나 부딪치지 않아도 근육이 힘을 쓴다고 합니다.

사고력과 창의력 키우기

달걀 모양의 게임기 안에 가상 현실 캐릭터가 태어납니다. 이 캐릭터는 밥을 먹고 배우고 성장합니다. 여러분은 이 캐릭터가 죽지 않도록 잘 보살펴 주어야 합니다. 그런데 이 작은 가상의 생명은 단순하게 먹고 자는 것만 하지 않습니다. 여러분이 밥을 제시간에 주지 않거나 무시하거나 놀아 주지 않으면 화를 내기도 합니다. 또 세심하게 보살피시 않으면 오래 살지 못합니다. 이 캐릭터가 살아갈지 말지는 여러분에게 달린 것입니다. 이 가상의 캐릭터는 생명체일까요? 아니면 그냥 기계 속 그림일 뿐일까요?

사고력과
창의력 키우기

우리는 때로 생명체가 아닌 것을 아끼고 사랑하며 보살피곤 합니다. 중요한 것은 그 물체가 아니라 사랑을 쏟는 나의 마음일지 모릅니다. 만약 여러분이 생명을 불어넣고 싶은 것이 있다면 그것은 무엇인가요? 가상의 현실에서 살아가는 생명체는 우리의 삶을 어떻게 변화시킬까요?

2. 가상 현실 교실

박사님 만약 선생님과 여러분이 한 공간에서 수업하기 힘든 상황이라면 어떻게 수업을 할 수 있을까요?

승현 서로 멀리 떨어져 있어도 카메라로 얼굴을 보면서 수업할 수 있어요. 화상 회의 기술이죠.

박사님 이 기술을 사용하면 한 공간에 함께 있지 않지만 마치 한 공간에 있는 것처럼 서로 눈을 마주치며 대화할 수 있습니다. 여러분이 손쉽게 사용할 수 있는 기술이지만 사실 이 기술은 놀라운 의미를 지니고 있습니다. **텔레프레즌스(telepresence)**, 즉 시간과 공간을 초월하여 존재할 수 있다는 뜻입니다. 텔레(tele-)는 '멀리', '먼 거리에 걸친'이라는 뜻이고 프레즌스(presence)는 '있음', '존재함'이라는 뜻입니다. 가상 현실 같은 이런 기술은 이미 우리가 익숙하게 경험하고 있습니다.

가상 현실을 이용한 수업은 학생들의 호기심을 더욱 크게 만듭니다. 교실에서 바로 사막으로, 바닷속으로, 산 정상으로 이동해서 수업할 수도 있기 때문입니다.

화상 회의 모습.

박사님 세계적인 환경 다큐멘터리를 만드는 한 영상 제작 방송은 버린 물건이 쌓여 있는 산, 플라스틱이 떠다니는 바다 등 환경이 파괴된 자연의 모습을 360도 화면으로 촬영하여 제공합니다. 학생들은 훼손된 자연의 모습을 생생하게 체험하고 환경을 지켜야겠다는 생각을 더욱 깊이 하게 됩니다.

소연 정말로, 그 현장에 와 있는 것 같아요.

박사님 체험을 위한 가상 현실 영상을 찍을 때 주의할 점은 모든 화면이 카메라에 찍힌다는 것입니다. 여러 대의 카메라가 찍는 각도 안에 들어오는 모든 장면이 찍히기 때문에 카메라를 들고 있는 사람, 장비, 도와주는 사람 등 의도하지 않는 장면도 찍힌다는 점을 염두에 두고서 상세한 계획을 해야 합니다.

승현: 360도 모든 방향이 보이는 그림은 마치 어안 렌즈로 보는 것 같네요.

자연 환경을 360도
화면으로 찍은 장면.

사고력과 창의력 키우기

가상 현실 체험은 많은 가능성을 가지고 있습니다. 다른 사람이 되어 볼 수도 있고, 가 보지 못한 곳을 실감 나게 경험해 볼 수도 있습니다. 하지만 기술적인 문제점도 여전히 있습니다. 연구에 따르면, 보통 15분 이상 가상 현실 영상을 경험하면 어지럼증을 느낀다고 합니다. 사람마다 눈의 간격이 다르기 때문에 기계로 눈의 초점을 추적하는 것에 한계가 있을 수도 있습니다. 무엇보다 머리에 쓰는 기계의 무게가 느껴지기 때문에 현실감을 방해하기도 합니다. 그래서 눈에 직접 끼우는 렌즈에 가상 현실이나 증강 현실 기능을 넣은 기술이 개발되고 있습니다. 만약 우리의 몸이 가상 현실 기계 때문에 느껴지는 불편함을 느낄 수 없다면, 가상 현실과 현실을 구분하는 것이 어려워질까요? 어떤 일들이 일어날까요?

사고력과
창의력 키우기

자신의 방을 360도 모든 방향이 보이는 화면처럼 그려 볼까요? 눈금이 그려져 있는 종이와 각도기를 이용하여 그림을 그릴 수 있습니다.

이케아는 세계 최대의 가구 제조, 판매 업체입니다. 이케아의 홈페이지에서
증강 현실(augmented reality, AR) 앱을 이용해서 자신의 방을 가상으로 인테
리어할 수 있습니다. 증강 현실은 실제로 존재하는 환경에 가상의 사물이나 정
보를 합성하여 마치 원래의 환경에 존재하는 사물처럼 보이도록 하는 컴퓨터
그래픽 기법입니다. 스마트폰이 우리의 방을 측정하여 가상의 공간을 만들고
이케아에서 판매하는 가구를 가상으로 배치할 수 있게 해 주는 앱입니다. 우
리도 우리의 방을 멋지게 꾸며 볼까요?

① 준비: 이케아 앱을 설치해서 자기 방을 스캔해 보세요.

나의 실제 공간을 스캔해보세요

IKEA 앱을 사용하여 실제 방을 스캔하면 가구와 액세서리가 나의 실제 공간에서 어떻게 보이는지 확인할 수 있습니다.

⟶] **IKEA 앱 다운로드**

스캔
IKEA 앱을 사용하여 공간을 스캔하세요. 화면에 단계별
가이드가 표시되어 쉽게 따라할 수 있습니다.

삭제
클릭 한 번으로 없애고 싶은 가구와 그 외 물건을 삭제할
수 있습니다.

디자인
앱이나 IKEA.kr에서 나만의 방을 꾸며보세요. 아이디어
를 저장하고 다른 사람과 공유하여 의견을 들어보세요.

인공 지능 챗봇이 간단한 인사와 카메라 접근과 개인 정보 보호 정책에 대
한 안내를 해 줍니다. 카메라 사용을 허용해야 앱을 사용할 수 있습니다.

앱의 안내를 따라 자기 방을 스캔하고 클릭 한 번으로 없애고 싶은 가구는 없애고, 들이고 싶은 가구는 설치할 수 있습니다. 자유롭게 자신의 방을 인테리어해 보세요.

② 정리하고 생각하기.

가구를 배치하고 구매까지 할 수 있는 재미있는 AR 앱입니다. 그런데 가구를 이동하고 회전까지 할 수 있었는데 왜 축소, 확대는 못 할까요? '이케아 플레이스' 앱은 사용자가 가구를 배치해 보고 마음에 들면 바로 결제할 수 있는 쇼핑몰 기능을 하고 있어요. 가구의 크기가 정해져 있으니 가상 공간에서 축소, 확대하면 실제 구매해서 배달되어 온 가구를 실제 공간에 배치할 수 없게 되겠죠? 가상 공간의 장점은 무엇이든 마음대로 조정할 수 있지만 실제 세계에 적용하려면 많은 문제가 생깁니다. 가상 건축, 가상 수술, 가상 기계 조립 등 가상 훈련 시스템에서 어떤 문제가 생길 수 있을까요?

6부

나는 인공 지능 게임 전문가입니다

1 AR 게임으로 업그레이드

ㅎㅇ~
귀여워

안녕
소연아

1. 책상 위 새로운 세상

박사님 스마트폰 카메라를 책상에 있는 어떤 물체에 비추면 화면에 캐릭터가 나타나는 장면을 본 적이 있나요?

승현 예, 동물이 나타나서 책상 위를 걸어 다녀요.

소연 예, 제가 그린 그림이 살아 움직였어요. 신기해요.

박사님 상상 속 캐릭터를 그림으로 그렸는데, 현실에서 살아 움직인다면 정말 흥미진진하겠죠? 현실에서 완전히 새로운 환경을 만들고 그 속에서 캐릭터와 대화하고 같이 놀 수 있다면 더 재미있겠지요? 만화와 애니메이션 속 캐릭터를 현실에서 잡는 게임도 있습니다. 애니메이션 속 주인공이 되어서 캐릭터를 잡고 성장시킵니다. 스마트폰이 있는 사람이라면 누구나 이 게임 속 주인공처럼 현실에서 게임을 하고 캐릭터를 모을 수 있습니다.

소연 게임 속 캐릭터를 모아서 키울 수 있다니 재미있을 것 같아요.

승현 캐릭터를 모으기 위해서 특별한 장소로 가야 하는 건가요?

박사님 예, 장소와 연결된 게임은 특별한 장소에서 캐릭터가 나타나도록 정해져 있습니다. 장소뿐만 아니라 특별한 모양의 그림에서 캐릭터가 나타나도록 만들 수도 있습니다.

소연 그럼 제 방에서 귀여운 캐릭터와 함께 놀 수도 있겠네요?

승현 제가 어디에 있던지 따라다니는 캐릭터가 있으면 재미있을 것 같아요.

박사님 우리가 게임을 하고 있으면 게임의 인공 지능은 우리의 위치가 어디이며, 어디를 자주 가는지, 그리고 우리가 어떤 것을 더 재미있어 하는지 알아내어 게임을 더욱 흥미롭게 합니다.

2. 게임일까 공부일까?

승현 게임도 하면서 공부도 할 수 있는 게임이 있을까요?

박사님 아래 그림의 게임을 한 번 볼까요? 자, 캐릭터가 달려갑니다. 절벽 앞의 커다란 돌림판 앞에 다다른 캐릭터는 문제를 풀어야만 합니다. 물리 법칙을 이용하여 문제를 풀면 퍼즐이 풀리면서 계곡을 연결하는 다리가 놓입니다. 캐릭터는 다시 달려갑니다. 이번에는 수학 공식이 등장하고 공식을 풀면 대포를 정확하게 조준하여 표적을 파괴할 수 있습니다. 수학과 물리 법칙으로 이루어진 이 세계는 어렵게 느껴질 수 있는 과학 공식들을 재미있게 배치하여 게임을

공학, 의학, 3D 모델링을 배울 수 있는 베리언트: 리미츠 (Variant:Limits) 게임..

하는 사람이 즐겁게 공식을 익힐 수 있도록 만들어진 게임입니다. 실제로 이 게임을 접한 친구들은 수학과 과학 시험에서 대부분 통과 점수를 받았습니다.

소연 와, 공부와 게임을 동시에 할 수 있는 좋은 게임이네요.

박사님 어린 암 환자들을 위한 게임도 있습니다. 성공적인 암 치료를 위한 이 게임은, 환자들이 게임을 하면서 암에 대한 올바른 정보를 얻고, 치료 과정을 이해하도록 도와줍니다.

소연 게임을 하면 공부하지 않는다고 엄마에게 혼이 날 때가 많은데 이런 게임을 하면 게임이 공부라서 야단맞지 않을 것 같아요.

승현 게임으로 어려운 단어를 익힐 수 있겠어요.

소연 외국 친구들과 인터넷으로 게임하면서 서로의 언어를 알려주기도 해요. 외국어를 어렵게 배운다는 생각이 들지 않더라고요.

승현 게임은 참 신기한 것 같아요. 공부할 때보다 더 열심히 하게 돼요. 그리고 어렵지 않게 배우는 것도 있다니 정말 좋은 것 같아요.

박사님 그렇지요. 화상 환자에게 재미난 게임을 주고 열심히 하게 하면 아픔을 잊고 치료할 수 있는 연구 결과도 있다고 해요.

소연 게임을 하면 이렇게 좋은 점도 있는지 몰랐어요. 엄마는 왜 게임을 하지 못하게 할까요?

박사님 게임을 하면서 어려운 단어를 알게 되고 치료를 위해서 아픔을 잊게 하는 등 좋은 점도 있지만 자신도 모르게 게임만 하게 되면 다른 일을 잊게 될 수도 있으니까요. 스스로 게임을 잘 이용할 수 있도록 생각해 보도록 해요.

리미션(Re-Mission) 게임.

사고력과 창의력 키우기

단순히 오락적인 이유보다 재미있는 과정을 통해 특별한 목적에 이르도록 하는 게임도 있습니다. 이를테면 건강, 의료, 광고, 복지, 교육 등 다양한 목적을 담을 수 있습니다. 하지만 이러한 게임들이 교육만을 위해 만들어지는 것은 아닙니다. 즐겁게 게임을 하다 보면 자기도 모르는 사이에 새로운 지식을 알게 되거나, 어려운 상황을 통과하게 되는 것이죠. 그래서 게임을 통해 환자를 돕는 것도 가능하게 되지요. 여러분이 이렇게 이로운 목적의 게임을 만든다면 어떤 게임을 만들어 볼 수 있을까요?

사고력과 창의력 키우기

게임 중에는 이로운 효과를 지닌 게임만 있는 것은 아닙니다. 총을 가지고 상대를 쏘거나 파괴하는 게임을 종종 마주치게 되는데, 즐겁게 게임을 할 수 있지만 다른 한편으로는 생명을 해치는 것이 아무렇지 않게 느껴질 수도 있습니다. 게임에서의 생명 존중과 상대에 대한 배려에 대해 이야기해 봅시다.

2 미래
인공 지능 게임

1. 미래의 놀이

박사님 새로운 기술이 들어간 게임이 만들어지고 있어요. 가상 현실과 증강 현실을 이용한 게임의 예를 봅시다. 집이나 놀이터 어느 곳이든 보물찾기 장소가 될 수 있습니다. 주변이 마치 해적의 보물이 숨겨진 보물섬 같은 모습으로 변합니다. 앵무새가 날아다니고 보물을 지키는 괴물도 나와요. 마법의 막대기를 가지고 괴물을 물리치면서 보물을 찾습니다. 친구들과 함께 게임을 할 수도 있습니다. 증강 현실을 이용해서 벽에 비밀 글이나 비밀 그림을 그려 두고 친구에게 찾게 하는 거예요. 가상 현실과 다르게 증강 현실 게임은 진짜 장소와 사물을 이용하기 때문에 가상 현실 도구를 썼을 때처럼 답답하지 않습니다.

소연 증강 현실 게임을 하기 위해서 핸드폰이 필요하지요?

박사님 핸드폰뿐만 아니라 안경처럼 생긴 증강 현실 체험 도구도 있습니다.

승현 안경을 쓰면 보이지 않던 것이 보인다니 진짜 멋진 것 같아요.

박사님 그렇지요? 하지만 진짜가 아닌 모습이 눈앞에 나타나기 때문에 안전하게 길을 걷는 데 방해가 된다고 생각하는 사람들도 있습니다.

소연 가상 현실과 증강 현실은 조금 어렵지만 재미난 것 같아요.

박사님 인공 지능과 대화하면서 공부하면 공부도 게임처럼 재미나게 할 수 있습니다. 인공 지능과 게임을 할 수도 있지요. 인공 지능에게 게임을 알려주고 스스로 공부하게 하면 어떤 일이 벌어질까요? 인공 지능 알파고가 바둑으로 인간을 이겼다는 말을 들어본 적이 있나요? 알파고는 바둑을 하는 인공 지능입니다. 이세돌 9단이 은퇴를 선택한 이유 중에 하나가 알파고에게 패한 것이라고 했습니다.

하지만 이후 인공 지능을 이용한 바둑 학습이 활발히 이루어져서 바둑이 새롭게 주목받기도 했습니다. 우리는 오랫동안 가지고 있던 한 가지를 내어 주고 새로운 한 가지를 얻은 것일까요? 섣부르게 답을 당장 말할 수는 없지만 인간의 역사는 변화와 적응의 연속입니다. 새로운 것이 등장하면 적응하고 변화시켜 또 다른 새로운 것을 만들어왔지요.

승현 미래에는 더 재미난 게임들이 많이 만들어 질 것 같아요.

박사님: 그렇지요? 미래에는 새로운 형태와 법칙의 게임이 우리를 즐겁게 하겠지요. 인공 지능이 적용된 미래를 상상하면서 새로운 게임의 탄생을 그려 볼까요?

지금부터 무조건 사람이 이기는 게임을 할거야.

음?

2. 놀이로 커지는 세상

박사님 여러분은 놀이를 할 때 어떤 생각을 하나요?

승현 생각을 많이 하지 않아요. 하지만 어떻게 하면 더 잘 할 수 있을지 궁리를 해요.

소연 여러 명이 하는 놀이는 친구가 어떤 생각을 하고 어떻게 움직일지 상상을 많이 합니다. 같은 편

싸늘하다.
가슴에
비수가 날아와
꽂힌다.

일 때는 협동하기 위해서, 다른 편일 때는 친구를 이기기 위해서 생각을 많이
합니다. 하지만 게임을 할 때는 생각하는 것이 어렵거나 힘들지 않고, 생각도
잘 떠오르고 시간이 가는 줄도 모를 정도로 즐겁게 빠져들어요.

　　박사님 그렇지요. 놀이는 친구와의 관계, 어려운 과제의 해결, 새로운 도전
등 우리의 생활에 꼭 필요한 것들을 배우는 데도 도움을 줍니다. 상대를 이기
는 게임만 있는 것이 아닙니다. 우리는 가상 현실이 전혀 다른 자신을 경험할
수 있는 좋은 도구라는 것을 알고 있습니다. 스탠퍼드 대학교에서는 사회, 경제
적 사정으로 집을 잃게 되는 과정을 체험하는 게임을 만들었습니다. 이 게임을
하는 사람은 게임 속에서 자신의 물건을 하나씩 팔아서 공간을 비워 갑니다.
이런 체험이 즐겁지는 않지만, 다른 사람의 입장을 이해하고 인간의 존엄성을
깊이 생각할 수 있는 교육으로 주목할 만합니다.

　　이 가상 현실은 실제로 사회 수업, 정신과 수업 실습 등에서 사용되었습니

다. 도시를 건설하고 국가를 경영하는 체험을 하는 것도 가상 현실 게임에서 가능합니다. 정치, 경제, 사회, 역사, 자연 과학 수업을 연결하여 체험적으로 학습합니다. 작지만 압축된 사회를 경험하여 우리가 사는 세상을 더 넓게 바라보도록 할 수 있습니다.

사고력과 창의력 키우기

　가상 현실과 증강 현실을 결합한 게임이 새로운 미래 게임으로 주목받고 있습니다. 쉽고 단순하게 게임을 할 수 있도록 변화할 거예요. 가상 현실이라도 진짜 모습과 자연스럽게 섞일 것으로 예측됩니다. 교육과 오락을 동시에 할 수 있는 게임도 관심을 받고 있습니다. 이러한 변화의 중심에는 사람이 있습니다. 여러분이라면 가상 현실과 증강 현실을 이용하여 어떤 게임을 만들고 싶은가요?

사고력과
창의력 키우기

지금까지 인공 지능이 무엇이며 그 가능성과 미래의 모습에 대해 공부하고 이야기해 보았습니다. 인공 지능이 공부를 도와주기도 하고 우리 사회에서 일어나는 일들을 관찰하고 예측해 주기도 하며, 어려움을 겪는 사람들을 도와주는 도구가 될 수 있다는 것을 보았습니다. 또 창의적인 예술가처럼 보이기도 했습니다. 데이터를 통해 그림을 그리고 자료를 모아 음악을 만들기도 하지요. 뿐만 아니라 알파고처럼 인간과 게임을 하고 이기기까지 해서 사람들을 놀라게 했습니다. 하지만 우리는 한 가지 생각해 볼 것이 있습니다. 인간인 우리는 왜 인공 지능 기술을 발전시키고, 게임도 하고, 예술 창작을 하는 것일까요?

직업의
세계

1 미래 직업 탐색

Check List

가장 원하는 직무에 대한 지원 동기를 말씀해 주세요.

AI 면접관

인공 지능으로 진행되는 면접 중 문제 풀이 과정.

1. 사람을 대신하는 인공 지능

박사님 여러분은 판사나 경찰이 없어진 세상을 상상해 본 적 있나요?

소연 정말 그런 세상이 올까요?

박사님 예, 가까운 미래에는 그들을 대체하는 인공 지능 로봇이 등장할 수도 있습니다. 사람들은 인공 지능 판사가 편견 없이 공정하게 판결을 내릴 것이라는 기대를 가지고 있습니다. 하지만 인공 지능 로봇이 실수하는 경우는 없을까요?

실제로 인공 지능이 흑인 친구의 사진을 한 포털 사이트에서 고릴라로 자동 분류한 사례가 있습니다. 이 사례로 인하여 인공 지능 기술이 인종 차별을 한다며 큰 논란을 가져왔죠. 여기서 논란이 된 인공 지능의 자동 분류 기술은 인공 지능이 이미지나 영상을 데이터로 학습해서 사람의 얼굴을 인식하고, 소리와 글자를 분류하는 기술을 말합니다. 인터넷상의 수많은 이미지를 학습하고

판단을 내리는 것이죠. 최근 이러한 분야에 인공 지능 기술을 접목한 사례가
또 있습니다. 바로 인공 지능 면접입니다.

소연 박사님, 저 인공 지능 면접관에 대한 뉴스를 본 적 있어요!

박사님 오, 그 뉴스를 봤군요. 불공평한 면접을 없애기 위해서 인공 지능 기
술을 면접에 접목한 사례입니다. 면접을 보는 동안 인공 지능 면접관은 면접자
얼굴의 표정이나 근육의 움직임을 실시간으로 분석하고, 음성의 높낮이, 떨림,
속도는 물론 심지어 자주 사용하는 어휘, 심장 박동, 맥박, 얼굴색의 변화까지
감지합니다.

이외에도 회사에서 중요하게 생각하는 요소를 분석해 주는 역할을 하는데,
면접자의 협력 의지, 열정, 전략 등을 뇌파로 분석하는 것이죠. 하지만 특이한
점은 인공 지능 면접관의 질문 대부분이 특정 상황에 대한 대처 방법이라는 것
입니다.

예를 들어 지갑을 잃어버린 것과 같은 난감한 상황에서 하는 행동이나 간

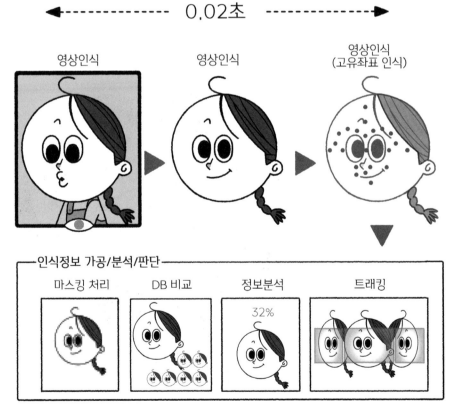

인공 지능이 면접 이미지를
인식하는 과정.

단한 온라인 게임으로 문제 해결 능력을 봅니다. 여기에는 앞서 말한 자동 분류 기술과 더불어 얼굴 인식 기술이 접목되어 있습니다. 여러분은 핸드폰 잠금 장치를 지문이나 비밀 번호가 아니라 얼굴 인식으로 푸는 것을 본 적 있나요? 실제로 최근 대부분의 스마트폰은 얼굴 인식 기술을 탑재하고 있죠. 얼굴 인식 기술은 생물의 얼굴에서 정보를 파악하는 기술입니다. 이 기술이 가장 많이 활용되는 분야는 보안 분야로 공항에서 출입자의 신원 정보를 파악합니다. 2018년부터 중국 베이징 대학교에서는 얼굴 인식 장치를 설치하여 신원이 확인된 사람만 출입할 수 있도록 하고 있죠. 하지만 얼굴 인식의 편리함과 반대로 개인의 정보가 유출되는 것을 우려하는 의견도 있습니다.

소연 맞아요. 편리하긴 해도 반대 의견도 있을 것 같아요.

박사님 그렇죠. 앞서 말한 인공 지능 면접관이 불공정하다는 의견도 있습니다. 이전에 인공 지능은 데이터로 생각한다고 했었죠? 바로 이 데이터의 문제인데요. 인공 지능 면접을 위해서는 많은 데이터가 필요한데, 아직 데이터의 양이 너무 적고, 걸러야 할 정보도 있기 때문이죠. 인공 지능 면접관이 데이터가 쌓이지 않은 채로 사람을 평가하고, 탈락시키는 것에 동의할 수 없다는 사람들이 많답니다.

승현 그럼 회사가 인공 지능 면접관을 고집하는 이유는 무엇인가요?

박사님 좋은 질문이네요. 우선 인공 지능 면접관을 활용하면 면접 시간을 단축할 수 있습니다. 시간이 무려 75퍼센트나 단축되었다고 해요. 이외에도 서류만으로 판단할 수 없는 지원자들의 역량을 고려할 수 있기 때문에 인공 지능 면접관이 공정한 기회를 줄 것이라는 기대를 갖고 있습니다. 하지만 인공 지능 기술이 오류를 계속 낸다면 인공 지능 기술에 대한 부정적인 의견은 점차 늘어날 것입니다. 어떤 방법으로 이 오류를 줄일 수 있을까요? 우선 인

터넷에 있는 정보 자체가 주는 오류가 있을 수 있습니다. 인터넷에 생성되어 있는 정보를 가리지 않고 그대로 학습하게 된다면 사람의 실수를 그대로 답습할 가능성이 큽니다. 뿐만 아니라 비윤리적인 데이터를 인공 지능 기술이 그대로 학습한다면 오류를 넘어서 비윤리적이고 반사회적인 행동을 보일 수도 있죠. 예를 들어 앞서 말한 흑인의 사진을 고릴라로 판단한 것과 같이 인종 차별을 할 수도 있고, 성차별을 할 수도 있습니다.

소연 그럼 인공 지능 기술이 올바르게 사용되기 위해서는 어떤 방법이 있을까요?

박사님 사람은 학습할 때 어떻게 하나요? 인공 지능처럼 주어진 데이터를 반복적으로 학습하는 것이 아니라 선생님에게 지도를 받아 옳고 그름을 이해하고, 보완을 합니다. 이처럼 인공 지능 기술도 단순히 정보만 습득하는 것이 아니라 우리 사회의 질서, 가치, 법을 제대로 학습한 후에 사용되어야 합니다. 또한 무조건 인공 지능 기술을 도입하는 것보다 시범 도입을 해서 정확도를 지켜보는 것이 좋겠죠.

실제로 에스토니아에서는 인공 지능 판사를 시범 도입해서 더욱 빠르고 공정한 판결이 가능한지 지켜보겠다고 했습니다. 에스토니아는 전 국민의 납세나 재산, 의료 등의 개인 정보를 모두 데이터로 보유하고 있는 전자 정부 국가로 유명합니다. 판사가 빅 데이터화되어 있는 에스토니아의 문서들을 분석하고, 판결을 내리는 것이죠. 우선 인공 지능 판사는 소액 재판 같은 금방 해결할 수 있는 사건을 맡아서 작업을 하고, 사람은 조금 더 중요한 사건들에 집중할 수 있을 것입니다.

2. 미래의 직업 변화

박사님 여러분, 오늘은 미래에 없어질 직업과 생겨날 직업을 한번 살펴볼까요? 여러분은 미래 직업에 대해 생각해 본 적 있나요?

소연 저는 인공 지능이 사람이 가기 힘든 곳을 갈 수 있을 것 같아서 인공 지능 소방관을 생각해 본 적이 있어요!

승현 저는 인공 지능 미용사가 등장해서 제가 원하는 머리를 해 줄 것 같아요.

박사님 오, 둘 다 아주 재미있는 직업인데요. 여러분이 이야기한 것처럼 우리가 하기 어려운 일이나 귀찮은 일을 대신하는 인공 지능 로봇이 무엇이 있는지 한번 살펴볼까요? 최근 공항에 가면 돌아다니고 있는 로봇을 볼 수 있을 겁니다. 바로 클로이(CLOi)라는 안내 로봇인데요. 공항을 이용하는 이용객들에게 항공편 정보나 편의 시설의 위치를 알려주고, 돌아다니며 청소를 하는 고마운 로봇입니다.

미국에는 농사를 도와주는 농사 로봇도 있습니다. 여러 개의 팔을 가진 이

서빙하는 인공 지능 로봇.

로봇은 딸기를 빠르게 수확해서 사람들을 돕고 있죠. 단순히 딸기를 채취하는
것을 넘어서 내장된 카메라로 딸기가 잘 익었는지 파악하는 기능까지 가졌다
고 합니다. 이 밖에도 길게 늘어나는 팔로 설거지를 대신해 주는 주방 로봇, 커
피를 만들어 주는 바리스타 로봇까지 아주 다양합니다.

　하지만 인공 지능 로봇이 우리 일상에 깊숙이 들어오면서 우려되는 점도 있
습니다. 만약 인공 지능 로봇이 사람을 대신한다면 사람의 일자리는 어떻게 될
까요? 방금 이야기한 것처럼 인공 지능 로봇은 점점 우리 생활에서 자주 사용
될 것이고, 사람이 하기 힘든 일을 척척 처리해 줄 거예요.

　그럼 더 이상 사람이 하지 않는 일도 생기겠죠. 결국 기술이 발전하면서 없
어지는 직업도 있고, 새로 생겨나는 직업도 있을 것입니다. 미래학자 토머스 프
레이는 2030년까지 없어질 직업을 100가지나 예측했답니다. 간단하게 살펴보
면 콜센터 직원, 생산 및 제조 관련 단순 종사원, 계산원, 택배원, 소방관, 산업
디자이너, 우주 항공사, 의사, 언론 뉴스 기자, 지질학자, 소설가, 심리 전문가,
변호사, 약사 등 이 밖에도 아주 다양한 분야를 망라하고 있습니다. 미래에는
이렇게 많은 직업을 로봇이 대신할 것이라 예상한 것이지요.

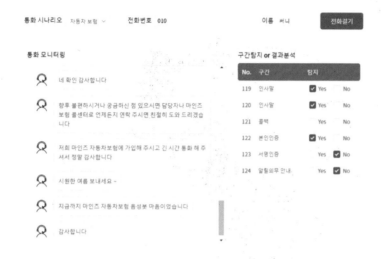

음성 봇 사용 과정.

승현 박사님, 그런데 왜 하필 저 직업들이 이야기되고 있는 건가요?

박사님 예를 들어 콜센터 직원은 소비자의 질문에 답을 하는 반복 업무가 많습니다. 실제로 콜센터 업무는 대신할 수 있는 인공 지능 기술이 있고, 현재에도 우리가 이용할 수 있다고 하는데요. 바로 음성 봇(voice bot)입니다. 음성 봇은 사람이 알아들을 수 있게 말할 수 있는 기능인 '언어 지능'과 사람의 말을 알아듣는 '음성 지능'이 결합된 형태인데요. 특히 소비자가 '예'나 '아니오'로 대답해야 하는 가입 안내 전화는 단순한 내용으로 이루어져 있어서 음성 봇을 이용하면 쉽게 업무를 볼 수 있습니다.

소연 박사님, 그런데 인공 지능 로봇이 저 일들을 대신하게 된다면 사람은 무슨 일을 하게 되나요?

박사님 그런 걱정을 하는 것이 당연해요. 그래서 인공 지능 기술이 발달함으로써 사람은 일자리에서 물러나고 그 자리를 로봇이 대체할 것이라는 우려가 있지요. 크게 실업난이 일어날 것이라는 주장과 원래 있었던 직업이 없어지면 새로운 직업이 등장할 것이라는 주장이 늘 대립하고 있습니다.

사람들은 미래에 없어질 직업을 걱정하고 있지만 반대로 새로 생겨날 직업도 있을 것이라고 합니다. 그럼 이번에는 미래에 생겨날 새로운 직업을 한번 살

펴볼까요? 앞서 말했듯 로봇은 우리 생활에 점차 많은 부분을 차지하게 될 것입니다. 그렇다면 로봇에 대한 지식을 가지고 사람들에게 필요한 로봇을 만드는 직업이 있어야겠죠. 바로 '로봇 공학자'입니다.

소연　로봇 공학자가 정확하게 하는 일이 무엇인지 궁금해요!

박사님　로봇 공학자는 우리에게 도움이 되는 로봇은 무엇이 있을까 생각하면서 로봇을 만들고, 연구하는 일을 합니다. 그러기 위해서는 기계, 디자인, 인공 지능에 관심이 있어야겠죠. 이 밖에도 상상력, 실현하는 능력, 만들기 능력이 중요하답니다.

로봇과 연결하자면 인공 지능 로봇에게 가장 중요한 것은 올바른 데이터일 것입니다. 그래서 수많은 데이터를 수집하여 분석하고 제공하는 직업이 있습니다. 바로 빅 데이터 전문가이지요.

빅 데이터 전문가는 미래에 꼭 필요할 직업으로 손꼽히고 있습니다. 수많은 데이터 속에서 사회의 동향을 파악하고, 사람들의 행동이나 경제 상황을 예측하면서 사회에 도움이 될 수 있는 정보들을 찾아내죠. 기술이 발달하면서 빠르게 변화하는 지금의 사회에서는 시대의 동향을 파악하고, 예측하는 능력이 중요할 것입니다. 필요한 데이터를 판별해서 인공 지능 로봇에게 심어 주는 중요한 역할을 맡고 있는 것이죠.

소연 유엔(UN)에서 앞으로 생겨날 직업을 발표했다고 들었어요.

박사님 맞습니다. 유엔에서는 기술이 발달하면서 새로 생겨날 직업을 발표했는데요. 인공 지능 전문가, 무인 자동차 엔지니어, 증강 현실 전문가, 홀로그래피 전문가, 로봇 기술자, 복제 전문가, 생체 로봇 외과 의사, 미래 예술가 등 재미있어 보이는 직업들이 많이 보입니다. 이처럼 미래에는 로봇이 의사를 대신할 수 있을 것이라고 하는데, 실제로 미래에 생겨날 직업 중에는

로봇에 데이터를 입력해 주는 사람.

원격 의사도 있습니다. 원격 의사는 로봇 도구를 이용하여 수술을 진행하는 것인데, 사람의 손을 사용하지 않는 것이 특징이죠. 사실 이미 시행하고 있는 곳도 있지만, 아직은 로봇이 사람 의사를 보조하는 정도입니다.

승현 점점 발전하고 있는 기술의 속도를 보았을 때 미래에는 인공 지능 의사가 수술을 할 수도 있겠네요.

박사님 그럴 수 있어요. 하지만 이것은 물론 어디까지나 예측일 뿐이고, 100퍼센트 정확한 미래는 알 수 없는 일입니다. 다만 공통적인 의견은 기술이 발달하면서 인공 지능이 인력을 대체할 것이란 겁니다. 우리는 인공 지능의 발달로 우리의 일자리가 없어질까 봐 미리 걱정할 필요는 없습니다. 하지만 편의를 위해 발달한 기술에 우리가 대체되지 않도록 모두 미래를 대비해야 하겠죠?

인공 지능 로봇에게 치료받는 사람.

사고력과 창의력 키우기

구글 연구팀이 개발한 폐암 검출용 '인공 지능'이 20년 경력의 방사선 전문 의보다 조금 더 정확하게 암을 진단한 것으로 나타났습니다. 뿐만 아니라 딥 러 닝을 통해 증상이 없는 사람을 정확히 분류해 내는 **특이도**를 높일 수 있다고 합니다. 그러니까 인공 지능이 암 검진 비용을 크게 줄여 줄 수 있다는 것이죠. 만약 이러한 정확도를 가진 인공 지능 로봇과 일반 의사가 있다면 여러분은 누 구에게 건강 검진을 받을 것 같나요? 그 이유는 무엇인지 토의해 봅시다.

사고력과 창의력 키우기

기술이 발달된 미래 사회에는 의료뿐만 아니라 법률, 교육 등 많은 분야에서 기술이 인간의 능력을 뛰어넘는 모습을 볼 수 있을지도 모릅니다. 여러분은 인간이 기술보다 뛰어난 점은 무엇이라고 생각하나요? 인공 지능이 절대 뛰어넘을 수 없는 인간의 능력은 무엇이 있을지 함께 이야기해 봅시다.

■ 활동 1 챗봇 올빼미 만들기

선택한 주제에 대한 물음에 답변하는 로봇, 챗봇 올빼미를 만들어 봅니다.

① 준비: https://machinelearningforkids.co.uk/에서 인공 지능을 훈련시키고 스크래치를 이용한 코딩을 통해 질문에 답해 주는 인공 지능 챗봇을 만들 것입니다.

우선 챗봇이 대답할 내용의 주제를 선정해야 합니다. 우리는 테스트용으로 질문에 대답을 잘 할 만한 것으로, 아는 것을 선택합니다.

● 장소 (예: 거주 도시)
● 동물 (예: 호랑이, 공룡)
● 조직 (예: 학교)
● 역사 (예: 바이킹, 로마인)

이번 수업에서는 이미 나와 있는 예제인 올빼미에 대한 주제로 챗봇을 만들어 갈 겁니다.

올빼미에 대한 다섯 가지 질문 사항을 생각해 보세요. 예를 들면.

● 올빼미는 무엇을 먹습니까?
● 올빼미는 주로 어느 나라에 서식하고 있습니까?
● 올빼미는 얼마나 오래 사나요?
● 어떤 종류의 올빼미가 있습니까?
● 올빼미는 얼마나 커지나요?

로 정할 수 있어요.

② 인공 지능 컴퓨터 훈련시키기

프로젝트 하나를 만들어 주세요. 인식 방법은 '텍스트', 언어는 'Korean'으
로 해 줍니다.

만들어진 프로젝트를 확인하고 클릭해 주세요.

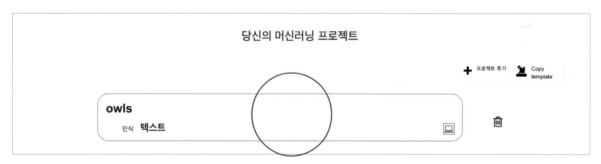

'훈련' 버튼을 눌러서 인공 지능 컴퓨터 훈련에 들어가 주세요.

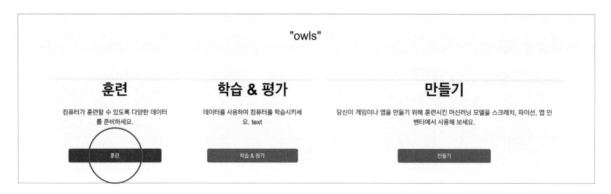

'+새로운 레이블 추가' 버튼을 눌러서 아까 생각해 둔 다섯 가지의 질문을 한 단어로 요약해서 레이블을 추가해 주세요. 아래 그림에서는 'food(먹이)', 'countries(나라)', 'lifespan(수명)', 'species(품종)', 'size(크기)'로 추가했습니다. (한글로는 만들 수 없으니 반드시 영어로 해 주세요) 한 가지 단어로 요약하기 힘들다면, 그냥 나중에 알아볼 수 있는 단어를 선택해도 됩니다.

자, 이제 각 레이블에 질문 샘플 데이터를 추가해 줍니다. 요약한 단어 뜻에 맞게 다양하게 추가해 주어야 합니다.

최소 각 레이블당 6개 이상 추가해 주세요.

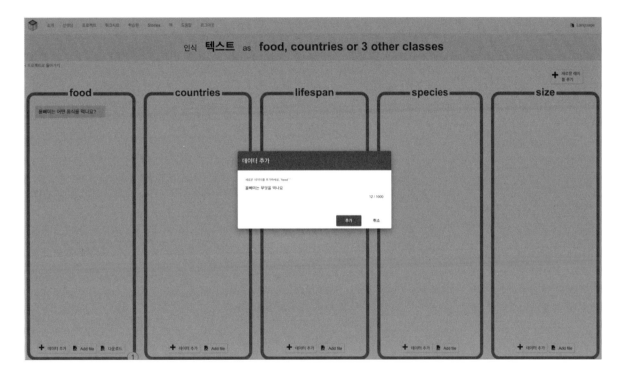

'프로젝트로 돌아가기'를 누른 후 '학습 & 평가' 버튼을 눌러서 학습 페이지로 옵니다.

'새로운 머신 러닝 모델을 훈련시켜 보세요' 버튼을 눌러서 인공 지능 컴퓨터를 훈련시킵니다.

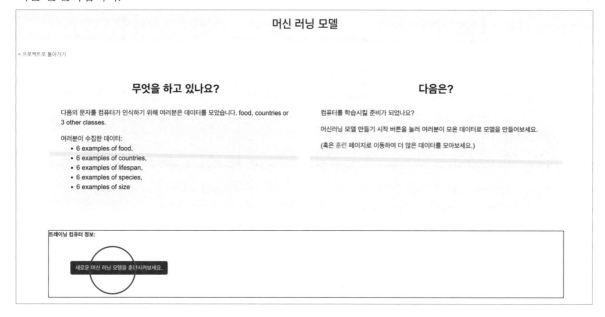

훈련이 완료되면 아래와 같이 됩니다.

'프로젝트로 돌아가기'를 누른 후 '만들기' 버튼을 누른 다음 스크래치 3을
선택합니다.

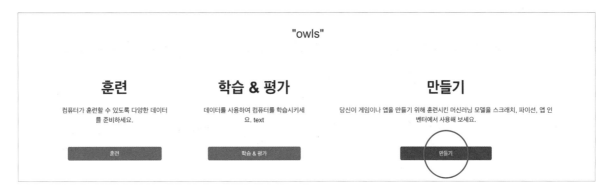

왼쪽 위의 '프로젝트 템플릿'을 클릭하여 'Owls' 템플릿을 선택합니다.

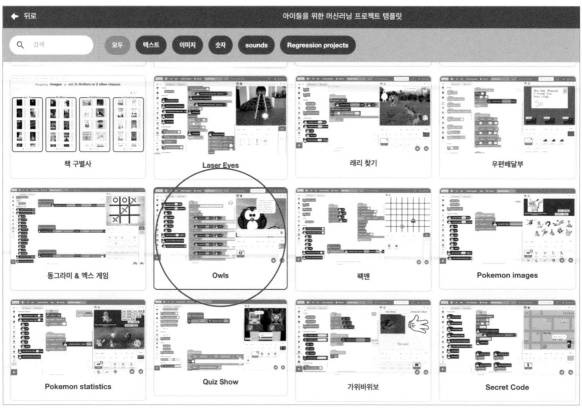

아래 그림과 같이 작은 코드 블록을 작성하되 아직 아무것도 첨부하지 마세요. 주황색 블록에 대해 'owl says'를 선택하세요.

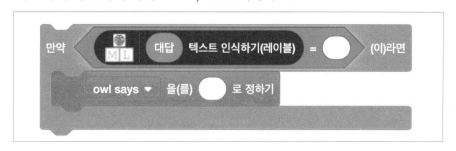

그리고 네 번을 복사해서 모두 함께 합쳐 주세요. 복사하는 방법은 마우스 오른쪽 버튼을 클릭하고 '복사하기'를 선택하면 됩니다.

각 블록의 빈칸을 채워 주세요. 질문 중 하나의 레이블을 상단 공간으로 드래그해서 끌어 놓은 다음 질문에 대한 답변을 하단 공간에 적어 넣어 주세요.

(코드 설명: 질문에 대한 레이블을 찾은 다음 그에 해당하는 하단 공간의 답변을 올빼미가 말하게 합니다.)

이제 이렇게 만든 블록을 다음 그림과 같이 초록색 깃발 코드 블록에 드래그해서 끼워 주세요. 'Sorry. I haven't been taught anything yet.'의 코드는 빼 버리고 우리가 만든 코드 블록을 집어넣으면 됩니다.

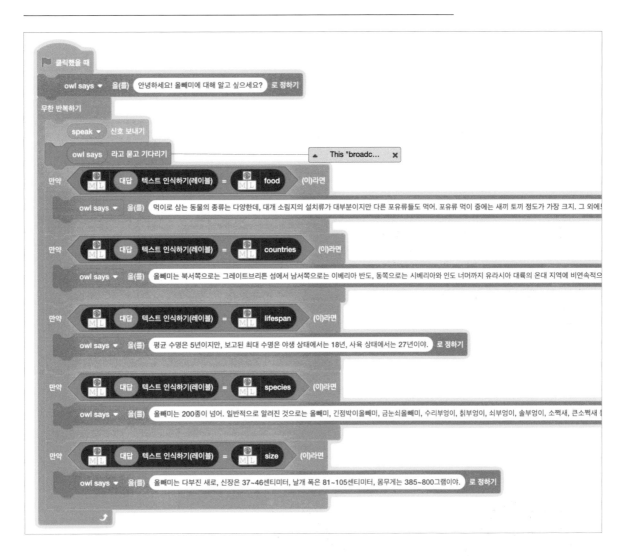

("Hello! Would you like to know anything about owls?'도 적당한 한국어
번역으로 넣어 주세요.)

이제 챗봇을 테스트하죠. 초록색 깃발을 클릭하고 올빼미에게 질문하세요!

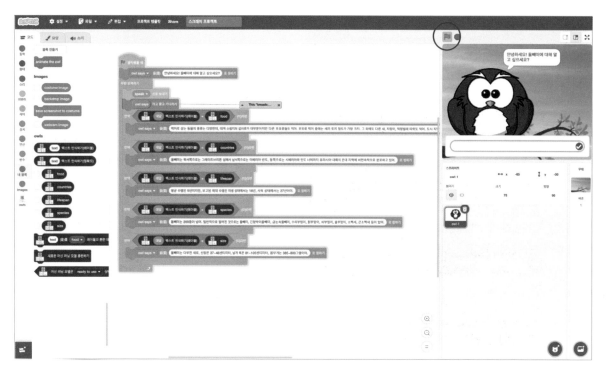

올빼미는 우리가 인공 지능 컴퓨터에 훈련시킨 대로 잘 대답하나요? 그런데 조금 이상하죠? 우리가 이미 정해 놓은 질문 분류 이외에 엉뚱한 질문을 해도 답을 해 주지는 않나요?

예상외의 질문을 했을 경우를 대비해 아래의 코드 블록을 작성해 주세요.

(코드 설명: 정확도는 백분율(0에서 100까지)로 70 미만일 때는 이해할 수 없다는 답변을 말하게 합니다. 즉 인공 지능 컴퓨터에 학습시킨 샘플 데이터와 유사도가 70퍼센트 미만일 경우 "미안, 무슨 말 하는지 모르겠어……, 다른 걸 물어봐 줘!"로 답하게 됩니다.)

우리가 조금 전에 붙인 코드 블록 위에 부착합니다.

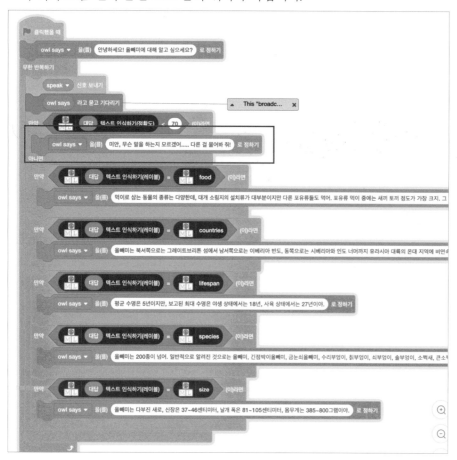

이제 우리가 인공 지능 컴퓨터에 학습시킨 샘플 데이터들과 전혀 다른 엉뚱한 질문을 하게 되면 다음과 같이 답변하게 됩니다.

③ 정리하고 생각하기.

여러분은 채팅 로봇에 쓰일 주제를 한 가지 선정하고 그 주제에 대한 질문을 인식할 수 있도록 인공 지능 컴퓨터에 질문 샘플 데이터로 훈련시켰습니다. 질문에 대한 규칙을 작성할 필요 없이 그저 질문의 샘플 데이터들을 입력했고, 이를 가지고 인공 지능 컴퓨터는 단어 선택, 질문 구성 방식 등을 학습했어요. 이것들은 새로운 질문(비슷한 질문)을 인식하는 데 사용되었고, 해당 질문과 비슷한 질문을 챗봇에게 했을 때 그에 대한 답변을 얻을 수 있었어요. 물론 엉뚱한 질문을 하면 모른다는 답변도 받을 수 있었어요.

여러분이 만든 챗봇을 좀 더 개선시킬 아이디어를 얻을 수 있는지 확인해 보세요. (안타깝게도 영어로 되어 있는 사이트이니, 구글 번역(https://translate.google.co.kr) 사이트에서 번역해야 더 편하게 이용할 수 있어요.)

2 인공 지능과 함께 일하는 세상

1. 미래의 운송 수단

박사님 미래에도 사람들은 지금과 똑같은 자동차나 버스, 기차를 타고 다닐까요? 지하철이나 자동차와 같은 교통 수단도 미래에는 변화할 것이라고 합니다. 지금보다 더 빠르고, 편리한 교통 수단은 무엇이 있을까요?

예를 들면, 사람이 운전하지 않고도 목적지에 도착하는 자동차부터 하늘을 날아다니는 운송 수단까지 다양하죠. 그럼 어떤 교통 수단이 있는지 알아봅시다. 여러분은 자율 주행 자동차를 들어본 적 있나요?

자율 주행 자동차는 말 그대로 운전자가 자동차를 움직이지 않아도 스스로 목적지까지 운전해 주는 기술입니다. SF 영화에서 주인공이 위험할 때 자동차가 스스로 운전하는 모습이 등장하곤 하죠. 실제로 1950년대부터 사람들은 자율 주행 자동차를 상상했답니다.

소연 박사님, 그런데 자동차가 어떻게 스스로 운전할 수 있는 것인지 이해가

잘 가지 않아요.

박사님 그럼 자율 주행 자동차에 어떤 기술이 포함되어 있는지 살펴볼까요? 실제로 운전자는 도로에서 여러 상황과 마주하는데, 자동차가 스스로 움직이기 위해서는 사람을 대신하는 기술이 필요하겠죠. 이렇게 사람의 눈과 같은 역할을 맡은 게 바로 이미지 인식 기술입니다. 이미지 인식 기술은 자동차가 스스로 운전하면서 도로에 설치된 안전 표지판의 의미를 파악하도록 하고, 앞의 자동차가 급정차하는 상황에 잘 대처할 수 있도록 합니다. 또한 도로에 사람이나 동물이 갑자기 뛰어드는 상황이 오면 위험하겠죠. 그래서 첨단 센서를 포함해서 주변 사물을 인식할 수 있도록 합니다. 첨단 센서는 사물 간의 거리를 측정하고, 위험을 감지해서 보이지 않는 곳까지 볼 수 있도록 도와주기 때문에 안전한 운전을 하는 데 도움이 됩니다. 마치 사람이 사물을 감지하는 것과 같죠.

또한, 최근에는 자율 주행 자동차가 스마트 워치와도 연동되는 기술이 개발되고 있다고 합니다. 사람이 스마트 워치를 사용해서 자동차를 부르면 있는 곳까지 스스로 달려오고, 자동으로 문도 열리는 기술을 포함하고 있죠. 이 밖에 미래의 운송 수단으로는 에어 택시가 있습니다. 에어 택시는 하늘을 나는 기술을 활용해서 목적지를 원하는 시간에 도착하도록 합니다. 전문가들은 에어 택시가 우리나라에서 2025년에는 새로운 운송 수단으로 등장할 것이고, 오히려 자율 주행 자동차보다 먼저 상용화될 수 있을 것이라고 하는데요. 에어 택시 회사의 대표는 에어 택시가 상용화된다면 불필요한 교통량을 줄이는 것에 큰 도움이 되며, 차량으로 1시간 걸리는 거리를 에어 택시를 이용해서 10분 만에 갈 수 있을 것이라고 발표했죠.

안녕?
내가 에어택시야.

승현 박사님, 에어 택시의 실제 사례도 있나요?

박사님 그럼요. 2019년 싱가포르에서는 2인승 에어 택시가 사람을 태운 채로 상공을 날아다닌 사례가 있습니다. 이 밖에 시범 운행지로 로스앤젤레스, 오스트레일리아 멜버른을 추가 지역으로 발표하면서 에어 택시의 상용화를 준비하고 있습니다.

승현 그런데 이런 운송 수단이 생기면 문제도 있을 수 있을 것 같아요.

박사님 맞습니다. 이렇게 기술이 발달하는 속도에 비해서 윤리적 문제는 아직 완전하게 해결되진 않았습니다. 예를 들어 자율 주행 자동차도 도로 위에서 보행자를 인식하지 못해서 충돌하기도 하고, 길을 잃어버리는 실수를 합니다.

실제로 2016년 테슬라의 자율 주행 자동차는 도로 위 흰색 트럭을 장애물

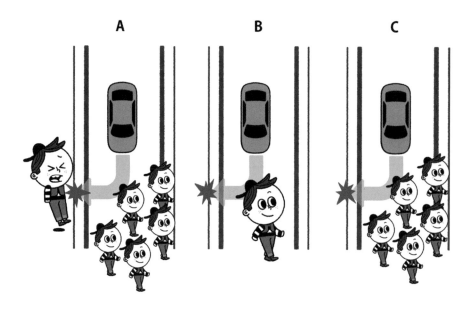

이 아니라 밝게 빛나는 하늘로 인지하고, 브레이크를 밟지 않아서 인명 사고를 낸 사례가 있습니다. 이뿐만 아니라 자동차 내부에 사람이 없기 때문에 다른 사람이 자동차의 목적지를 미리 예측하는 전자적 해킹도 가능하겠죠. 자율 주행 기술에 대한 기준이 정확하지 않다면 자율 주행에 대한 우려는 더 커질 것입니다.

2. 자연 재해를 막아 주는 인공 지능

승현 박사님, 오늘 뉴스를 보니 비가 많이 내리는 지역이 이번에도 홍수 때문에 큰 피해를 입었다고 해요.

박사님 맞아요. 강우량이 많은 지역은 홍수 때문에 피해가 빈번합니다. 홍수나 태풍과 같은 자연 재해는 사람의 힘으로 막을 수 있는 것이 아니라서 피해를 줄이는 유일한 방법은 철저한 대비를 하는 것이죠.

소연 자연 재해가 오기 전에 누군가 미리 알려주면 좋겠어요. 그럼 미리 대비할 수 있으니까 피해도 줄지 않을까요?

박사님 그럼 오늘은 자연과 관련된 인공 지능에 대해서 이야기를 해 볼까요? 최근 지구에 기후 변화가 심해지면서 자연 재해로 인한 피해가 점점 더 커지고 있죠. 희망적인 소식은 인공 지능 기술을 이용해서 자연 재해를 예측하고, 대비할 수 있다는 것입니다.

실제로 구글은 2019년에 홍수의 피해를 많이 본 인도에 인공 지능을 이용한 홍수 예측 시스템을 도입했습니다. 이 시스템은 어느 지역에서 홍수가 날 가능성이 큰지를 예상하고, 인근의 주민들에게 경고를 해 주는 방식으로 작동합니다. 물살의 흐름을 파악하고 분석하여 예측하는 것이죠. 심지어 정확도가 90퍼센트에 이르러서 인도를 시작으로 다른 국가에도 시범 적용될 것이라고 합니다.

소연 박사님, 만약에 인공 지능이 자연 재해를 예측하지 못하면 어떻게 하나요?

박사님 소연이 말대로 인공 지능이 예측을 실패할 수도 있습니다. 그래서 자연 재해가 발생하고 나서 도움을 주는 인공 지능 기술이 또 있습니다. 아직 실

올 여름은 단단히 대비해야 겠어요.

오.. 알겠네.

23℃ 2048년8월16일
강수확률 40%
강수량 98.1mm

인공 지능이 날씨를
알려주는 모습.

용화되고 있지는 않지만 일본에는 대지진이 발생했을 때 가장 빠르게 출동해야 할 장소와 부상자의 상태 등을 말해 주는 인공 지능 시스템이 있습니다. 이 시스템은 자연 재해에 따라서 피해를 입은 사람의 수와 부상 정도를 예측하고, 병원으로 수송해야 할 환자까지 분석합니다. 이뿐만 아니라 필요한 의약품까지 찾고, 도로의 상황을 파악해서 구조대가 우선 출동해야 하는 장소를 알려 줍니다. 인공 지능 기술이 자연과 사람에게 주는 도움이 정말 크죠?

승현 네! 그런데 우리나라에 있는 인공 지능 시스템도 궁금해요.

박사님 물론 우리나라에서도 인공 지능 기술을 활용해서 자연 재해를 대비하고 있습니다. 최근 고온 현상이 수일에서 수십 일 동안 계속되면서 사람들에게 큰 피해를 주고 있죠. 이런 고온 현상의 원인에는 기후 변화, 북극 해빙, 고층 빌딩의 증가 등 여러 요소가 있을 것입니다. 이런 현상을 대비하기 위해서 인공 지능을 일기 예보에 도입한 시스템이 있습니다. 이 시스템은 지구에 있는 요소는 물론 특정 지역의 요소까지 분석해서 폭염의 원인을 밝혀냅니다. 이 밖에도 대한민국 기상청이 2019년부터 개발하고 있는 인공 지능 기상 예보 보좌관 시스템 알파웨더는 지난 100여 년간의 한반도와 전 세계 기상, 기후 데이터를 가지고, 미래의 기후 변화를 예측할 것이라고 합니다.

소연 그럼 앞으로 자연 재해를 대비할 수 있어서 걱정 없겠어요!

박사님 그렇죠. 인공 지능 기술을 잘 활용하면 많은 사람을 구하고, 자연을 지킬 수 있습니다. 하지만 제일 좋은 방법은 지구가 깨끗해져서 기후 변화가 오지 않는 것이 아닐까요?

사고력과
창의력 키우기

향후 5년 안에는 지금과 같은 택시가 아니라 하늘을 날아다니는 '에어 택시'가 나타날 것이라고 합니다. 1시간 걸리는 거리를 에어 택시를 이용하면 단 10분 만에 갈 수 있을 것이라고 하죠. 하지만 더 먼 미래에는 에어 택시를 사람이 운전하지 않을 수도 있습니다. 자율 주행 자동차처럼 말이죠. 만약 에어 택시가 등장한다면 좋은 점은 무엇이 있고, 우려되는 점은 무엇이 있는지 이야기해 봅시다.

사고력과
창의력 키우기

미래에는 모든 운송 수단이 가능하다고 가정하고, 나만의 미래 운송 수단을
상상하고, 그 특징을 이야기해 봅시다.

저자 소개

김재웅 현재 중앙대학교 첨단영상대학원 교수로 재직 중이다. 홍익대학교 대학원, 독일 슈투트가르트 국립 조형 예술 대학을 졸업하였으며, 2002년 FIFA 월드컵 개막식 아트 영상 감독, 2005년 아이치 엑스포 한국관 자문 위원, 2008년 베를린 공과 대학 교환 교수, 2014년 BIAF 집행 위원장, 2022년 현재 한국문화예술교육진흥원 교육 과정 심의 위원을 맡고 있다. 옮긴 책으로는『혼자가는 미술관』등이 있다.

김갑수 현재 서울교육대학교 컴퓨터교육과 교수 및 대학원 인공 지능 과학 융합 교수로 재직 중이다. 서울대학교 계산통계학과 전산 과학 전공으로 학사, 석사 및 박사를 취득하였고, 삼성전자 연구소에서 근무한 바 있다. 한국정보교육학회 회장, 한국정보과학교육연합회 공동 대표를 역임하였고, 현재 서울교육대학교 과학영재교육원 원장 및 소프트웨어영재교육원 원장을 맡고 있다.

김정원 현재 서울교육대학교 생활과학교육과 교수로 재직 중이다. 서울대학교 식품 영양학과에서 학사와 석사를, 미국 펜실베이니아 주립 대학교에서 박사 학위를 취득하였다. 미국 알칸소 대학교에서 연구원으로, 오스트레일리아 브리즈번 대학교에서 방문 연구원, 한국보건산업진흥원에서 책임 연구원으로 근무한 경력을 가지고 있다. 한국식품조리과학회 회장, 한국실과교육학회 부회장, 한국다문화교육학회 이사, 식품의약품안전처 식품 위생 심의 위원 등을 역임하였고, 저서로는『스마트 식품학』, 『Food Safety First 식품 위생학』, 『초등 실과 교육』, 『학교 다문화 교육론』 등이 있다.

김세희 이화여자대학교 서양화과를 졸업하고 움직이는 영상에 관심을 가져 중앙대학교 첨단영상대학원 애니메이션 제작 석사 과정을 밟았다. 영국 켄트 대학교에서 순수 예술 석사를 졸업하였으며 주영 한국 문화원, 바비칸 센터 등에서 영상과 회화 작품을 전시하였다. 영상 콘텐츠와 이미지, 애니메이션에 대한 연구를 지속하며 중앙대학교 첨단영상대학원에서 박사 학위를 취득하였다. 현재 여러 대학교에서 애니메이션, 영상 콘텐츠 이론과 실기 등을 강의 중이다. 첨단 영상 콘텐츠의 이론과 표현에 대하여 연구하고 작품 활동을 지속하고 있다.

진종호 중앙대학교 첨단영상대학원 애니메이션 제작 석사 과정을 졸업하고 AR, VR, XR, 모션 캡처, 디지털 휴먼 관련 다수의 프로젝트를 수행하였다. 현재 여러 대학에서 3D 컴퓨터 그래픽과 인터랙티브 아트 실기 과목을 강의 중이며 주식회사 바만지의 대표 이사로서 메타버스와 XR 콘텐츠 제작 활동을 지속하고 있다.

이문형 VFX 제작 회사인 덱스터 스튜디오에서 라이팅 아티스트로 근무하며 영상 콘텐츠 제작에 관심을 가져 중앙대학교 첨단영상대학원 애니메이션 제작 석사 과정을 졸업하였다. 현재 중앙대학교 첨단영상대학원의 영상 정책 박사 과정을 수료하였으며, 여러 대학에서 3D 애니메이션을 중심으로 이론과 실기 과목을 강의 중이다. 융합 콘텐츠에 대해 연구하며 콘텐츠 제작 활동을 지속하고 있다.

감수 최종원 카이스트에서 학사와 석사 학위를 취득하고, 서울대학교에서 인공 지능을 주제로 박사 학위를 취득하였다. 박사 과정 중 영국 임페리얼 칼리지 런던에서 인공 지능의 융합 연구를 수행하였고, 졸업 후에는 삼성SDS의 인공 지능 기반 플랫폼을 위한 기술을 연구하였다. 현재 중앙대학교 첨단영상대학원에 전임 교원으로 재직 중이며, 인공 지능의 효율적 학습을 위한 기초 연구와 콘텐츠, 문화 유산을 위한 인공 지능 연구를 수행하고 있다.

초등학생을 위한 인공 지능 교과서 3

1판 1쇄 찍음 2023년 12월 15일
1판 1쇄 펴냄 2023년 12월 31일

지은이 김재웅, 김갑수, 김정원, 김세희, 진종호, 이문형
그린이 최연우, 박새미
감수 최종원
기획 중앙대학교 인문콘텐츠연구소 HK+ 인공지능인문학사업단
펴낸이 박상준
펴낸곳 (주)사이언스북스

출판등록 1997. 3. 24.(제16-1444호)
(06027) 서울특별시 강남구 도산대로1길 62
대표전화 515-2000, 팩시밀리 515-2007
편집부 517-4263, 팩시밀리 514-2329
www.sciencebooks.co.kr

979-11-92107-11-0 04400
979-11-92107-08-0 (세트)

이 저서는 2017년 대한민국 교육부와 한국연구재단의 지원을 받아 수행된 연구임
(NRF-2017S1A6A3A01078538)